JN063835

改訂版

大学入学共通テスト

物理 予想問題集

河合塾講師
木村 純

＊この本は，2020年1月に小社より刊行された『大学入学共通テスト　物理予想問題集』の改訂版です。

KADOKAWA

はじめに

本書は，2020年１月に出版された「共通テスト 物理予想問題集」を，2022年実施の共通テストに向けて大幅に改訂したものです。2021年に初めて実施された共通テストの物理では，それまでさかんに言われていた「思考力」が要求される「課題探究型」の問題はほとんど見られず，大問数は変化したものの，従来のセンター試験に比べてそれほど斬新なものではありませんでした。また，平均点は62点と，作成時の目標であったはずの50点に比べて大幅に高い結果となりました。

この結果を受けて，2022年実施の共通テストでは，2017，2018年実施の試行調査に見られたような「課題探究型」の問題も出題されるなど，**難化する可能性が高い**と思われます。そこで，本書では次のように予想問題を作成しました。

第１問：共通テストと同レベルか，それよりやや難しめの問題からなる小問集合

第２問：共通テストの第２問のように，国公立大の２次試験および私大の入試で見られるような問題で，複数の分野からなる問題

第３，４問：「実験・観察」・「資料の読み取り」を含む「課題探究型」の問題

本書の予想問題は，共通テストの理念・特徴が強く表れている問題が多いため，実際の試験よりも難しく感じるかもしれません。しかし，万全を期して共通テストに臨めるよう，ぜひ取り組んでほしいと思います。

本書では，**３回分の予想問題の他，2021年に実施された共通テスト（第１日程）の問題と解説が掲載されています**。さらに，大学入試センターによる情報や，共通テストの問題，２回の試行調査問題をもとに，**共通テストとセンター試験はどう違うのか，どのように対策をすればよいか**について具体的に書いてあります。

問題を解いていて，難しくてどう考えればよいか見当もつかないとなった場合は，いきなり解答を見るのではなく，**解説の「解法のポイント」を読み，「どこに注目して考えていけばよいか」をつかんでから，再び問題にチャレンジするとよい**でしょう。**教科書を傍らに置き，忘れてしまった知識は索引等を利用して，確認しながら解くのもよい**と思います。共通テストの問題と予想問題を実際に解くことにより，高得点をとるためには何が不足しているかを洗い出し，そこを補強していってほしいと思います。

本書を執筆するにあたり，執筆のきっかけをくださった㈱KADOKAWAの山川徹氏，万全のサポートをしてくださった山﨑英知氏に深く感謝いたします。

改訂版　大学入学共通テスト 物理予想問題集　もくじ

この本の特長と使い方

【この本の構成】 以下が，この本の構成です。

別　冊

- 「問題編」：2021年に実施された共通テスト(第１日程)の問題と，オリジナル予想問題３回分の計４セット分からなります。

本　冊

- 「分析編」：共通テストの傾向を分析するだけでなく，**具体的な勉強法**などにも言及しています。
- 「解答・解説編」：単なる問題の説明に留まらず，共通テストで問われる「思考力」の養成に役立つ**実践的な説明**がなされています。

【「解答・解説編」の構成】 以下が，大問ごとの解説に含まれる要素です。

- 難易度表示：易／やや易／標準／やや難／難 の５段階です。
- 解法のポイント：問題を解く上で重要なポイントを示してあります。行き詰まったら，解説を読む前にこの部分を読み，再びチャレンジしてみましょう。
- 解説：小問単位で書かれています。
  - ○小問のタイトル：たとえば，【単振り子】のように，**小問ごとのねらいや出題意図**を示しています。
  - ○難易度表示：大問ごとの難易度表示と同じく，易／やや易／標準／やや難／難 の５段階です。
  - ○思：「思考力・判断力・表現力」を必要とする設問に付されています。
  - ○解説文：大手予備校の河合塾で実力派講師として絶大な支持を得る木村先生が，与えられた条件やデータから物理法則を見極めつつ，**対応の仕方**を伝授します。
- 研　究：その大問を解くうえで知っておくべき**知識**を示しています。

【この本の使い方】 共通テストは，公式や典型的な解法を覚えているだけでは得点しにくい試験です。この本の解説を，設問の正解・不正解にかかわらず**完全に理解できるまで何度も読み返す**ことにより，センター試験以上に重視されている「思考力」を身につけていってください。

分 析 編

共通テストはセンター試験とココが違う

【出題分野】 共通テストはセンター試験と同様，高等学校「物理基礎」「物理」の学習指導要領に基づき，**教科書の内容をもとに出題されます**。これまでのセンター試験などの問題に見られたような，物理に関する「知識・理解」や，物理法則・公式を状況に応じて正しく用いることができる「問題処理能力」を問うタイプの問題だけではなく，**初めて見るような課題について，実験・観察の結果や，グラフ・表等の資料を分析し，考察する力を問う「課題探究型」の問題も出題されます**。

【出題分量】 2020年度のセンター試験では大問数は5，小問数は22でした。一方，2021年度の共通テスト(第1日程)では，大問数は4，小問数は21と，**大問数は1題減りましたが，小問数はセンター試験とほぼ同じ**でした。しかし，**公式などの知識から即答できるタイプの問題が減少した**ことや，大問1問あたりの問題文の文章量が増加し，特に見慣れない設定の問題では**問題文をこれまでより丁寧に読まなくてはならない**ことを考えると，**センター試験に比べて解答時間は厳しくなります**。

【難易度】 センター試験に見られた「知識・理解」や「問題処理能力」を問う問題に加えて，「課題探究型」の問題が出題される分，**難易度は高くなります**。

大学入試センターによると，これまでのセンター試験では平均点が6割を目安に作成されていたのに対し，**共通テストでは，5割を目安に作成されるよう**です。これは，6割を目安とすると「課題探究型」のような工夫された問題を出題するのが難しくなるため，とのことでした。しかしながら，2021年度の共通テストでは，**「課題探究型」問題がほとんど出題されず，第1日程の平均点は62点と，かなり高くなりました**。これは，2019年実施の試行調査において「課題探究型」問題が多く出題された結果，平均点が39点と非常に低かったため，「課題探究型」問題の出題がかなり抑えられたのかもしれません。2021年度の共通テストで平均点が高く出たことを受けて，**2022年度は「課題探究型」問題が2021年度よりも多く出題されるなど，難化することが予想されます**。

共通テスト・第１日程の大問別講評

＊併せて，別冊に掲載されている問題も参照してください。

第1問　小問集合　やや易

物理現象についての「知識・理解」をシンプルに問う問題でした。問2では**数値をマークさせるという新しい形式の問題**が出題されましたが，その他の問題は**物理現象の知識や，定性的な理解を問う問題**でした。

問1は「見かけの重力」をテーマとした問題。見かけの重力についての知識があれば即答できる問題です。やや易　問2は人が乗った板を動滑車を利用して持ち上げる問題で，人と，板・荷物・動滑車のそれぞれに働く力を正しく図示できたかどうかがポイント。標準　問3は極板間の電場に関する問題。極板間は一様な電場が生じているので，公式 $V = Ed$ を用いて電場の強さを調べます。やや易　問4はドップラー効果の典型問題。音速・観測者の速さ・音源の振動数を文字でおき，数式で考えることで確実に正解できます。やや易　問5は等温変化と断熱変化の違いに関する問題。それぞれの変化の p-V グラフの特徴を理解していることが必要です。標準

第2問　**A**　コンデンサーと抵抗を含む直流回路　標準

典型的な回路についての問題でした。**問題文の誘導にうまく乗ることが高得点のポイント**です。問1はスイッチを閉じた直後の電流を求める問題。「コンデンサーは導線とみなせる」という誘導に従って考えるとよいでしょう。しかし，回路の対称性から「同じ抵抗値の抵抗には同じ電流が流れる」ことに気づかないと，かなり時間がかかります。標準　問2はスイッチを閉じて十分に時間が経過した後の電流と，コンデンサーの電気量を求める問題。「コンデンサーに流れ込む電流は0」とあるので，電流についてはコンデンサーの両端が断線した回路と同じ，と考えてもよいでしょう。標準　問3は可変抵抗の抵抗値を求める問題で，ホイートストンブリッジの条件が成立すればよいことに気づけるかどうかがポイント。**発想力を要する問題**です。やや難

第2問　**B**　磁場中を運動する２本の導体棒　標準

電磁気分野のみならず，力学分野の理解も試される複合的な問題で，国公立大の２次試験や私大の入試で見られるタイプの問題でした。問4は導体棒に流れる誘導電流を求める典型問題。誘導起電力の大きさと向きを正しく求められるかどうかがポイント。やや易　問5は２つの導体棒に流れ

る電流が磁場から受ける力についての問題で，力の大きさは公式 $F=IBl$，力の向きはフレミングの左手の法則から求めます。やや易　問6は2つの導体棒の $v-t$ グラフとして正しいものを選択する問題。直感的に正答できた人も多いと思いますが，きちんと根拠をもって解答したい問題です。運動量保存則など，力学分野の理解も問われています。標準

第3問　**A**　ダイヤモンドが輝く理由（光の屈折・反射）標準

ダイヤモンドがさまざまな色で輝く理由を，問題文の誘導に従って考察する問題。**初見の資料をもとに考察する問題もあり，共通テストの特徴が強く表れている問題**でした。問1は光の屈折についての基本的な知識を問う問題。やや易　問2は屈折の法則の立式および，臨界角を求める典型問題。易　問3は与えられた条件をもとに，ダイヤモンドの各面で全反射するかしないかを判定する問題。初見の資料の意味を把握するという点では，**思考力が問われる問題**といえます。標準　思

第3問　**B**　蛍光灯が光る原理（電子と水銀原子の衝突）やや易

蛍光灯が光る原理を題材にして，電子が水銀原子に衝突する前後の運動量やエネルギーの変化について考察する問題でした。**原子分野の内容を若干含みますが，原子分野が未習であっても解けるように配慮された問題になっています**。問4は加速電圧によって電子が得る運動エネルギーを求める典型問題。やや易　問5は衝突前後での電子と水銀原子の運動量の合計の変化を問う問題。やや易　問6は運動エネルギーの合計の変化を問う問題。やや易　運動量の合計については，電子と水銀原子の系に外力が働くかどうか，運動エネルギーについては，電子の衝突前の運動エネルギーがどのようなエネルギーに変化したかに注目します。

第4問　斜方投射されたボールの捕球・衝突　やや易

国公立大や私大の入試問題で見られるタイプの問題でしたが，**問4の会話文の空所補充問題は，共通テストの特徴的な形式**です。問1は斜方投射についての基本問題。やや易　問2はボールを捕球した後の速さを求める問題。ボールが人＋そりに完全非弾性衝突したと考えて，運動量保存則を立式します。やや易　問3は捕球する前後の，全体の力学的エネルギーの変化について問う問題。弾性衝突以外の衝突では，力学的エネルギーは保存しないことを知っていれば即答できます。易　問4はボールと，摩擦のない氷上に静止しているそりとの衝突についての会話に関する問題。はね返り係数の式，弾性衝突などの理解が問われます。やや易

共通テストで求められる学力

【出題のねらい】

❶ 物理の用語・法則・公式を深く理解し，正しく運用できる力

共通テストにおいても，センター試験同様，「知識・理解」や「問題処理能力」を問う問題が，主に小問集合で出題されます。**教科書にある重要な用語や公式，法則を確実に理解した上で，それらを正しく用いることのできる力**が必要です。

❷ 初めて見る問題にも柔軟に対応できる力

共通テストでは，典型的でない問題も出題されます。初めて見るような問題でも，**与えられた設定や条件を素早く正確に読み取り，どのような物理の原理や法則に従って考えていけばよいかを見抜く力**が問われます。

❸ 実験・観察等のデータを分析し，解釈する力

大学入試センターによれば，共通テストでは「**受験者にとって既知ではないものも含めた資料等に示された事物・現象を分析的・総合的に考察する力**を問う問題や，**観察・実験・調査の結果などを数学的な手法を活用して分析し，解釈する力**を問う問題」も出題されます。例えば，実験の「生データ」から，どのようなことが言えるか，どのようにグラフ化すればよいか，実験で生じる誤差の原因はどこにあるか，といったことが問われる可能性があります。また，「およそ」いくらかといった，**近似的な考え方ができるかどうか**も重要なポイントです。

【問題の解き方】

❶ 問題の設定・条件を正確に把握する

問題の設定や条件を正確に把握することが，問題を解く上で最も重要です。必要に応じて図を描き，問題の状況を確実に把握しましょう。

❷ 立式に必要な物理量は自分で仮定する

センター試験では，問題集等の問題では通常与えられるはずの，例えば「質量」や「長さ」等の物理量があえて与えられていないことがよくありました。**立式する上で必要な物理量は自分で仮定**して，解答の際には消去できることを確認しましょう。

❸ 先に解答群を見て，どのように解答するのかを予め把握しておく

解答が出たと思ったら，解答群にはまったく違う解答が並んでいた，ということがあります。**先に解答群を見る**ことで，どの文字を解答に用いればよいか，どのような視点で考えていけばよいかを予めつかんでから解答を作り始めましょう。

共通テスト対策の具体的な学習法

● 用語・法則・公式など，知識の確認を教科書で行う

学習が一通り終わっている分野について，教科書の該当部分を読んでみましょう。教科書は0から学習するには難しいですが，一通りの学習を終えてから知識の確認を行うには最適な本と言えます。共通テストをはじめとする試験では，**問題を解くためのベースとなる知識はすべて教科書にあり**，分量が参考書のように多くないので，時間もそれほどかかりません。教科書を読み進めながら，知らなかった，あるいは理解があいまいだった**用語や原理**，**公式**にマーカーをひき，ノートに書き出してまとめておきましょう。導出できる公式については導出の方法を，物理法則については，例えば，運動量保存則であれば，「物体系に外力がはたらかない場合に成立する」など，どんな場合に法則が成立するのかをノートに書いておきましょう。

● 共通テスト・センター試験の過去問・模試等の予想問題を活用する

学習が一通り終わっており，ある程度典型的な問題を解くことができる分野に関しては，**その分野のセンター試験の過去問を解いてみましょう**(分野別に過去問が掲載されている問題集も市販されています)。共通テストやセンター試験の問題は，問題集にあるような典型的な問題とはかなり形式が異なっているので，センター試験の過去問でこの形式に慣れておくと，共通テスト対策に非常に有効です。11月以降は2021年度の共通テストの問題や，模試等の予想問題にも本格的に取り組み，時間配分にも気を配りましょう。

● 教科書の「探究活動」等の実験に取り組み，レポートを作成する

出題されると大きく差がつく「課題探究型」の問題については，問題集をこなすだけでは対策しきれません。学校で実験を行っている人は，**実験およびレポートの作成に取り組むことが最善の対策になります**。その際，ただ示された方法に従って受け身的に行うのではなく，例えば実験や測定の方法についても，なぜそのような方法で行うのか，意味を考えて取り組むことが重要です。学校で実験を行ってこなかった人は，先生にお願いして実験に必要な器具を準備し，教科書にある「探究活動」に取り組むとよいでしょう(特に**グラフを用いた実験結果の分析**を含むもの)。高2のうちに行うのが理想的ですが，高3生でもできるだけ早期に行うとよいでしょう。探究活動を行うことで，問題集の問題を解くだけではわからなかった，物理の面白さに気づくかもしれません。

解答・解説編
2021年1月実施　共通テスト・第1日程

解　答

問題番号(配点)	設問		解答番号	正解	配点
第1問(25)	1		1	4	5
	2		2	5	5
	3		3	2	5
	4		4	1	5
	5		5	2	5*1
第2問(25)	A	1	6	3	2
			7	3	2*2
			8	0	
			9	1	
		2	10	4	3
			11	2	3
		3	12	4	3*3
			13	0	
			14	1	
	B	4	15	2	4
		5	16	3	4
		6	17	3	4

問題番号(配点)	設問		解答番号	正解	配点
第3問(30)	A	1	18	1	4
		2	19	2	4
		3	20	4	4
			21	1	4
	B	4	22	2	4
		5	23	1	5
		6	24	6	5
第4問(20)	1		25	4	5
	2		26	3	5
	3		27	1	5
	4		28	4	5*4

(注)
1　＊1は，**1**を解答した場合は3点を与える。
2　＊2は，解答番号6で**3**を解答し，かつ，全部正解の場合のみ点を与える。
3　＊3は，全部正解の場合のみ点を与える。
4　＊4は，**3**を解答した場合は3点を与える。

第1問 小問集合 やや易

解法のポイント

問1 台車上から観測すると，おもりや水には台車の加速度と逆向きに慣性力が働いているように見える。この**慣性力と重力の合力を「見かけの重力」**といい，台車上の観測者にとっては，重力がその向きに生じているように見える。

問2 ［人］と，［動滑車 ＋ 板 ＋ 荷物］の，2つの系(グループ)に分けて，それぞれに働く力を考えるとよい。動滑車には，ロープの張力の2倍の力が鉛直上向きにかかることは知っておきたい。

問3 **極板間には一様な電場が生じている**。その一様な電場の強さEは，公式$\boldsymbol{V=Ed}$から$E=\dfrac{V}{d}$と表せることに注目する。

問4 音速をV，Aの速さをvとおいて，Bの聞く直接音，壁からの反射音の振動数を数式で表すとよい。反射音の振動数は，壁で受ける音の振動数と等しいことに注目しよう。1秒あたりのうなりの回数は，Bが聞く2つの音の振動数の差と等しいことに注目する。

問5 p-Vグラフにおいて，**等温変化に比べて断熱変化のほうがグラフの勾配(傾き)が急**であることは知っておきたい。［カ］では，図6の実線と破線の交点の状態を図5(a)の状態と考え，容器を逆さにすると圧力がどう変化するかに注目する。

設問解説

問1 【見かけの重力】 ［1］ **正解**：④ やや易

台車を一定の力で右向きに押し続けると，台車は等加速度運動する。台車上の観測者からは，右図のように，観測者(台車)の加速度と逆向きに，慣性力が働いているように見える。**重力に加えて，左向きの慣性力が働く**ため，おもりと水面は解答群の④のように傾く。この**重力と慣性力の合力を見かけの重力**といい，台車上の観測者からは，重力が鉛直下向きではなく，この見かけの重力の方向に働いているように見える。

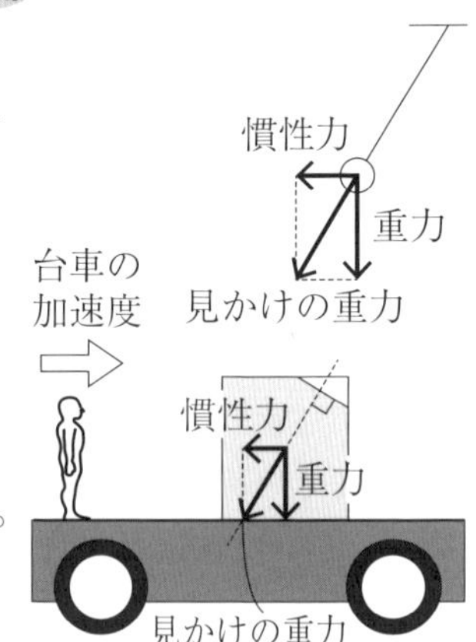

問２　【動滑車を介した物体に働く力】　2　**正解**：⑤　標準

張力の大きさ(人がロープを引く力の大きさ ＝ 人がロープから引かれる力の大きさ)を T，人が板から受ける垂直抗力の大きさを N，重力加速度の大きさを g とすると，人と，［動滑車・板・荷物］に働く力はそれぞれ下図のようになる。

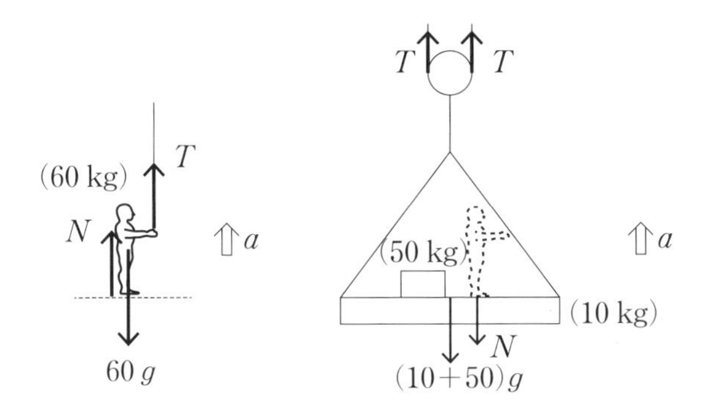

鉛直上向きの加速度を a とすると，それぞれの運動方程式は，

$$人：60a = T + N - 60g$$

$$動滑車・板・荷物：(10+50)a = 2T - N - (10+50)g$$

2式をたして，Nを消去すると，

$$120a = 3T - 120g \quad \therefore \quad a = \frac{T}{40} - g$$

ここで，「荷物，板および自分自身を持ち上げる」ということは，加速度 a が $a > 0$ であればよいので，

$$a = \frac{T}{40} - g > 0 \qquad \therefore \quad T > 40g = 40 \times 9.8 = 392 = 3.9 \times 10^2\,\mathrm{N}$$

となり，引く力 T が，**3.9×10^2 N** より大きくなければ，持ち上げられることがわかる。

問３　【極板間の電場】　3　**正解**：②　やや易

置いた点電荷に働く静電気力の大きさが最大となるのは，**電場の強さが最も強い点**である。極板間には**一様な電場**が生じており，その電場の強さ E は，極板間の電位差を V，極板の間隔を d とすると，公式 $\boldsymbol{V = Ed}$ から，$E = \dfrac{V}{d}$ と表せる。今，隣り合う極板間の電位差はどれも V なので，電場の強さが最も強いのは，極板の間隔 d が最も小さい**点B**である。

問4 【一直線上のドップラー効果とうなり】 4 正解：① やや易

ア

BがAのおんさから聞く直接音の振動数f_1は，音速をV，Aの速さをvとすると，ドップラー効果の公式より，$f_1=\frac{V}{V-v}f$と表せる。この振動数f_1はfより**大きい**。

イ

反射音の振動数f_2は，壁とBがともに静止しているため，壁で受ける音の振動数と等しく，$f_2=\frac{V}{V+v}f$と表せる。この振動数f_2はfより**小さい**。

ウ

Bが聞く**1秒あたりのうなりの回数は，直接音の振動数f_1と反射音の振動数f_2の差**であるから，

$$f_1-f_2=\frac{V}{V-v}f-\frac{V}{V+v}f$$
$$=\frac{2Vv}{V^2-v^2}f$$

この式から，Aの速さvが大きくなるほど，うなりの回数が**多くなる**ことがわかる。

問5 【等温変化と断熱変化】 5 正解：② 標準

エ オ

p-Vグラフにおいて，**等温変化に比べて断熱変化はグラフの勾配（傾き）が急**である（右の 研究 を参照）。

図6の破線のほうが勾配が急なので，**破線が断熱変化**，**実線が等温変化**を表していることがわかる。

カ

図5(a)（右図）のとき，容器内の気体の圧力をP，大気圧をP_0，断面積をS，ピストンの質量をm，重力加速度の大きさをgとすると，ピストンに働く力は図のようになる。

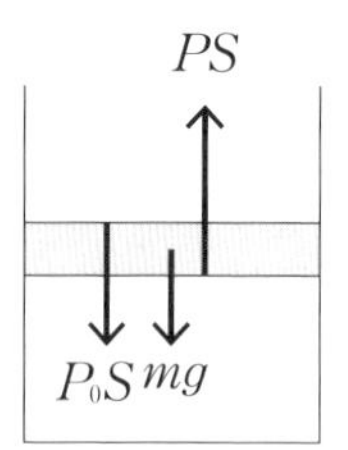

ピストンについて力のつり合いより，

$$PS=P_0S+mg \qquad \therefore \quad P=P_0+\frac{mg}{S}$$

図 5(b)（右図）のように，容器を逆さにした場合の容器内の圧力を P' とすると，同様に力のつり合いより，

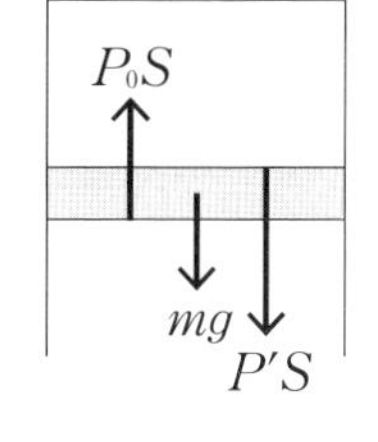

$$P'S + mg = P_0 S \qquad \therefore \quad P' = P_0 - \frac{mg}{S}$$

$P > P'$ であるから，**容器を逆さにすると，容器内の気体の圧力が減少する**ことがわかる。

はじめ，容器内の気体の圧力と体積が，図 6（右図）の実線と破線の交点の状態にあるとする。この状態から容器を逆さにして，圧力が減少する場合を考える。

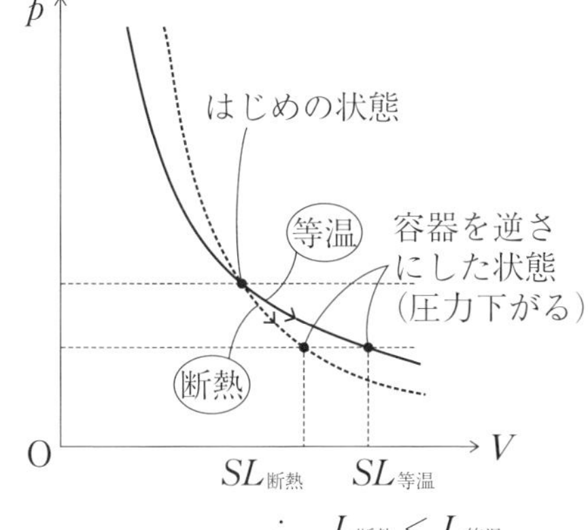

$\therefore \quad L_{断熱} < L_{等温}$

右図において，はじめの状態から圧力が減少した状態に注目すると，実線（等温変化）の体積のほうが，破線（断熱変化）の体積より大きくなることがわかる。

よって，$\underline{\boldsymbol{L_{等温} > L_{断熱}}}$ となる。

研　究　等温変化と断熱変化の p-V グラフ

等温変化の場合，ボイルの法則が成立し，$pV = k$（一定）であるから，p-V グラフは右図のようになる。この k は温度が高いほど大きい値となる。

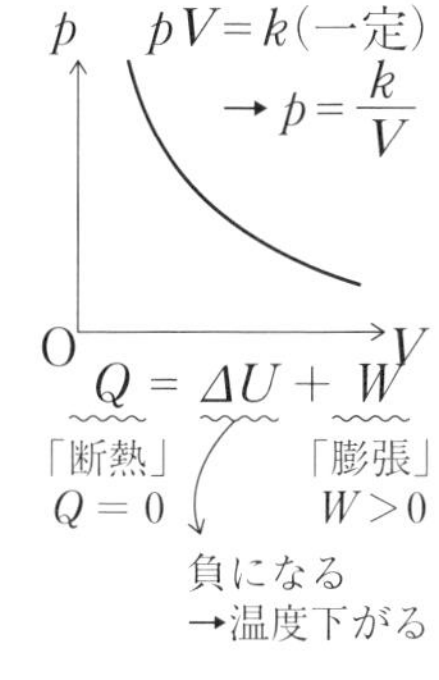

断熱変化の場合，**断熱膨張では温度が下がる**。これは，熱力学第一法則 $Q = \Delta U + W$ において，「断熱」なので気体が吸収した熱量 Q は 0，「膨張」なので中の気体が外部にした仕事 W は正となり，その結果，内部エネルギー変化 ΔU が負となることからわかる。

断熱膨張する場合の p-V グラフを考えると，右図のように，**温度が高い等温曲線上の点から，温度が低い等温曲線上の点に移る**ことになる。

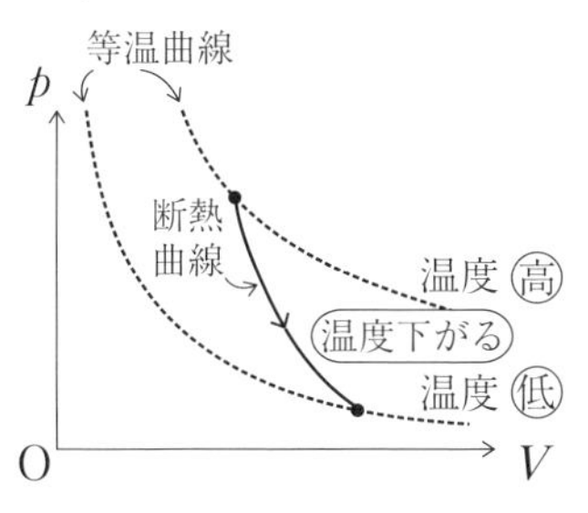

よって，**断熱曲線は，等温曲線に比べて勾配が急**になることがわかる。

第2問　直流回路と電磁誘導についての知識と理解を問う問題

A　コンデンサーと抵抗を含む直流回路　標準

解法のポイント

問1　スイッチを閉じた瞬間はコンデンサーの電荷(電気量)はまだ0であるため，**コンデンサーの両端の電圧(電位差)も0**であることに注目する。
[7]～[9]では，**10Ωの抵抗と，20Ωの抵抗に流れる電流はそれぞれ等しい**ことに気づきたい。

問2　スイッチを閉じて十分時間が経過すると，**コンデンサーに流れ込む電流は0**となるため，回路の上の10Ω，20Ωの抵抗を流れる電流は等しく，I_1などとおける。また，真ん中の20Ω，10Ωの抵抗を流れる電流は等しく，I_2などとおける。さらに，コンデンサーの電圧をVとおき，**キルヒホッフの第2法則の式を立てればよい**。

問3　スイッチを閉じた直後でも，十分時間後でも点Pを流れる電流が変わらないということは，コンデンサーを導線とみなしても，断線しているとみなしても，点Pに流れる電流が変わらないということである。つまり，**導線とみなした部分に流れる電流は0**でなければならない。

設問解説

問1　【スイッチを閉じた瞬間に流れる電流】　[6]　[7]～[9]

正解：③，③⓪①　標準

[6]

スイッチを閉じた瞬間は**コンデンサーの両端の電位差が0**なので，コンデンサーを抵抗の無視できる導線に置き換えた③の回路と同じとみなせる。

[7]～[9]

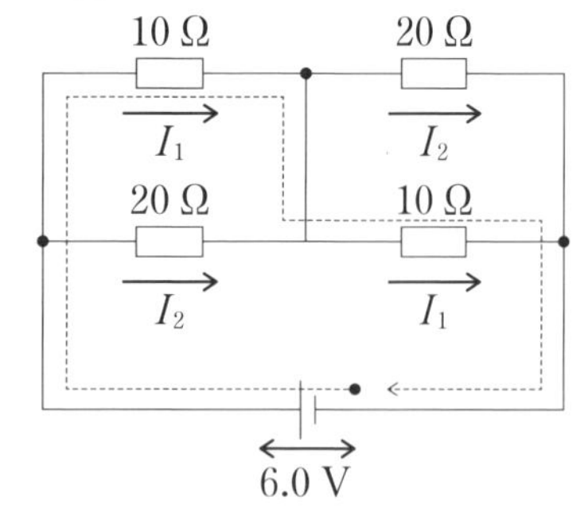

回路の対称性から，10Ωの抵抗と，20Ωの抵抗に流れる電流はそれぞれ等しい(次ページの 研究 を参照)。右図のように，10Ωの抵抗と20Ωの抵抗に流れる電流をそれぞれI_1，I_2とおく。右図の点線の閉回路について，キルヒホッフの第2法則より，

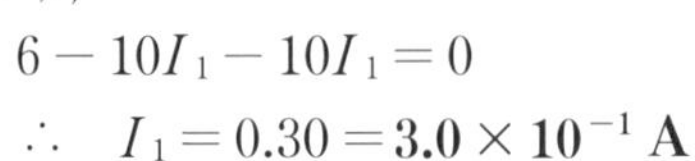

$$6 - 10I_1 - 10I_1 = 0$$

$$\therefore \quad I_1 = 0.30 = \underline{3.0 \times 10^{-1}\ \mathrm{A}}$$

研　究

抵抗が並列に接続されている場合，それぞれの抵抗に流れる**電流の大きさは抵抗値に反比例するため，抵抗の逆比**となる。

右図の左側の抵抗値 R_1，R_2 の抵抗に流れる電流の大きさ I_1，I_2 は，

$$I_1 : I_2 = \frac{1}{R_1} : \frac{1}{R_2}$$

$$I_1 : I_2 = R_2 : R_1$$

$$\therefore \quad I_1 = \frac{R_2}{R_1 + R_2} I, \quad I_2 = \frac{R_1}{R_1 + R_2} I$$

また，右側の抵抗値 R_1，R_2 の抵抗に流れる電流の大きさ I_3，I_4 も同様に，

$$I_3 : I_4 = \frac{1}{R_2} : \frac{1}{R_1}$$

$$I_3 : I_4 = R_1 : R_2$$

$$\therefore \quad I_3 = \frac{R_1}{R_1 + R_2} I, \quad I_4 = \frac{R_2}{R_1 + R_2} I$$

となり，$I_1 = I_4$，$I_2 = I_3$ となることがわかる。

問２ 【スイッチを閉じて十分時間後の電流と電気量】 10 11

正解：④，② 標準

10

スイッチを閉じて十分時間が経過後は，**コンデンサーに流れる電流は 0** となり，各抵抗には右図のように電流が流れる。閉回路①，②について，キルヒホッフの第２法則より，

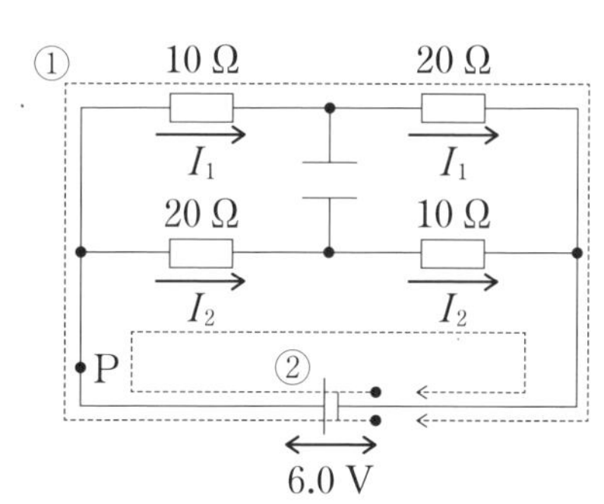

① $6 - 10I_1 - 20I_1 = 0$

$\therefore \quad I_1 = 0.20\,\mathrm{A}$

② $6 - 20I_2 - 10I_2 = 0$

$\therefore \quad I_2 = 0.20\,\mathrm{A}$

よって，点 P を流れる電流の大きさは，

$I_1 + I_2 =$ <u>**0.40 A**</u>

11

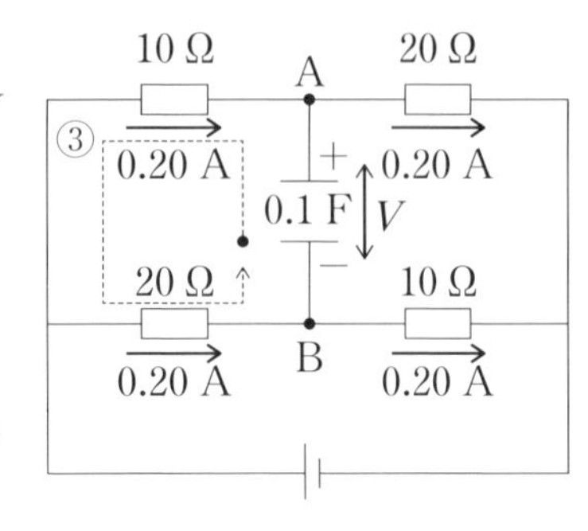

右図のように，コンデンサーの電圧を V とする。閉回路③についてキルヒホッフの第2法則より，

③　$V + 10 \times 0.2 - 20 \times 0.20 = 0$

$V + 2 - 4 = 0 \quad \therefore \quad V = 2.0\,\text{V}$

よって，コンデンサーに蓄えられた電気量は，公式 $\boldsymbol{Q = CV}$ より，

$0.1 \times 2 = \underline{\mathbf{0.20\,C}}$

問3 【ホイートストンブリッジ】 12 ～ 14 **正解**：④⓪① やや難

スイッチを入れた直後，および十分時間が経過後の回路はそれぞれ下の回路Ⅰ，回路Ⅱと同じとみなせる。

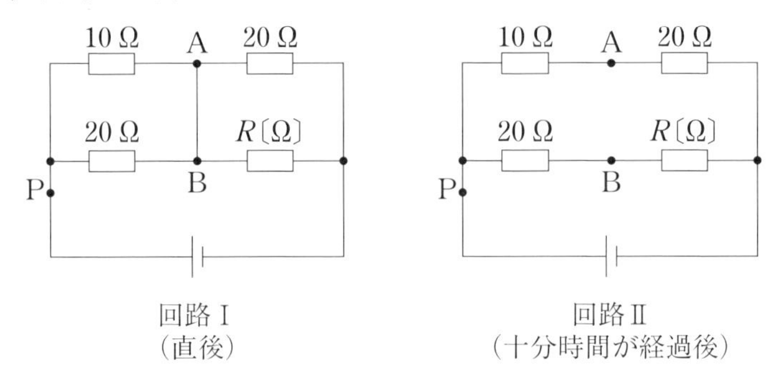

回路Ⅰ
（直後）

回路Ⅱ
（十分時間が経過後）

点Pを流れる電流が保持されるということは，この回路Ⅰ，回路Ⅱにおいて，**点Pを流れる電流が等しい**ということである。そのためには，**回路ⅠでAB間を流れる電流が0**でなければならず，**ホイートストンブリッジの式**（下を参照）が成立していればよい。回路Ⅰについて，ホイートストンブリッジの式より，

$$\frac{10}{20} = \frac{20}{R} \quad \therefore \quad R = 40 = \underline{\mathbf{4.0 \times 10^1\,\Omega}}$$

必要な知識　ホイートストンブリッジの式

右図の回路で，検流計に流れる電流が0となるとき，

$$\frac{\boldsymbol{R_1}}{\boldsymbol{R_2}} = \frac{\boldsymbol{R_3}}{\boldsymbol{R_4}}$$

が成立する。

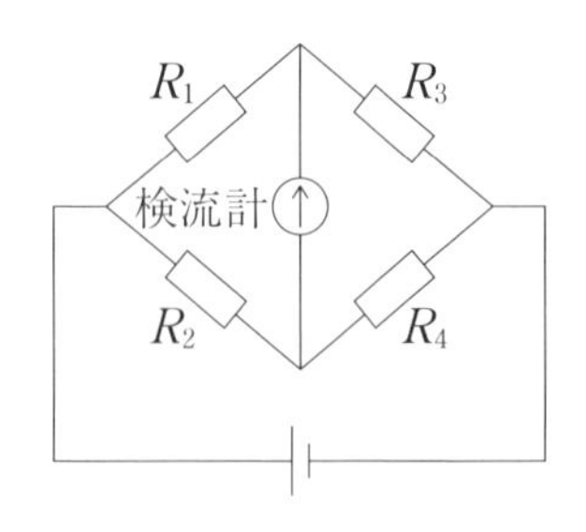

B 磁場中を運動する 2 本の導体棒　標準

解法のポイント

問 4　まず，**棒 a に生じる誘導起電力の向きと大きさを求める**。それぞれの棒の抵抗値は r ではなく，rd であることに注意しよう。

問 5　棒 a，b に働く力の向きは，**フレミング左手の法則**から求める。

問 6　解答群の①～④のいずれも，**棒の速度がやがて一定値となる**ことに注目しよう。このことから，速度が一定→力($F = IBl$)が 0 →電流が 0 → 2 つの棒の誘導起電力($V = vBl$)が逆向きで等しい大きさ→ **2 つの棒の速度が等しい**　ということがわかる。さらに，**問 5** から**運動量保存則が成立する**ことに気づきたい。

設問解説

問 4　【導体棒に流れる誘導電流】　15　正解：②　やや易

右図のように，右向きに速さ v_0 で運動する導体棒 a には，**大きさ v_0Bd の誘導起電力**が生じ，P の向きに誘導電流が流れる。

この誘導電流の大きさを I とすると，キルヒホッフの第 2 法則より，

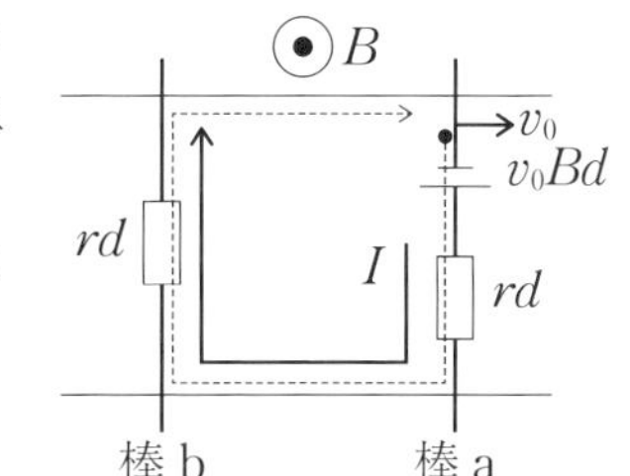

$$v_0Bd - rd \cdot I - rd \cdot I = 0 \qquad \therefore \quad I = \frac{Bv_0}{2r}$$

問 5　【電流が磁場から受ける力】　16　正解：③　やや易

導体棒が磁場から受ける力の大きさは，公式 $F = IBl$ より，棒 a，棒 b ともに IBd となり，**力の大きさは等しい**。力の向きは，フレミング左手の法則より，互いに**反対**の向きとなる。

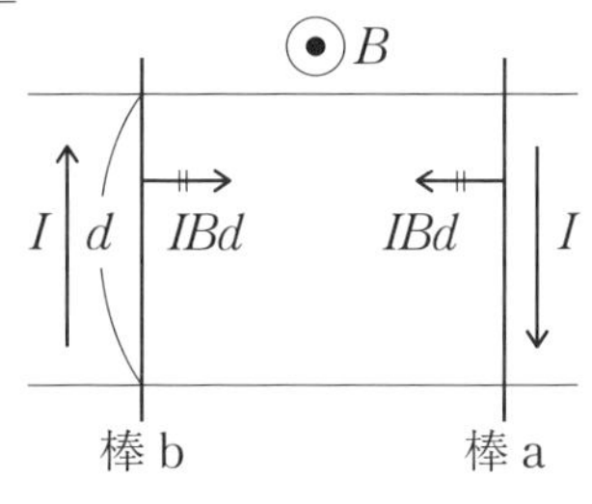

問 6　【2 つの導体棒の v - t グラフ】　17　正解：③　標準

解答群の①～④のグラフは，いずれも時間が経過するにつれて**棒の速度が一定値に近づいている**。**棒の速度が一定となるとき，それぞれの棒に働く合力は 0** である。力が 0 であるためには，**棒に流れる電流は 0** でなければならない(電流が流れると磁場から力を受けることになる)。

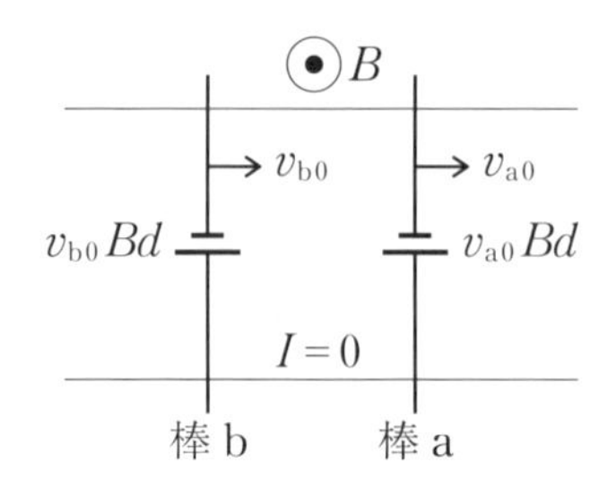

さらに，**電流が 0 ということは，それぞれの棒に生じる誘導起電力は逆向きで，等しい大きさ**となるはずである。このときの棒 a, b の速さをそれぞれ v_{a0}，v_{b0} とおくと，キルヒホッフの第 2 法則より，

$$v_{b0}Bd - v_{a0}Bd = 0 \qquad \therefore \quad v_{a0} = v_{b0}$$

したがって，**2 つの棒の速度はやがて等しくなる**ことがわかる。このときの速さを v とおく。

ところで，2 つの棒を 1 つの系（グループ）と見ると，**問 5** より，この系に働く**水平方向の外力は 0** である。よって，この系について**運動量保存則が成立**する。

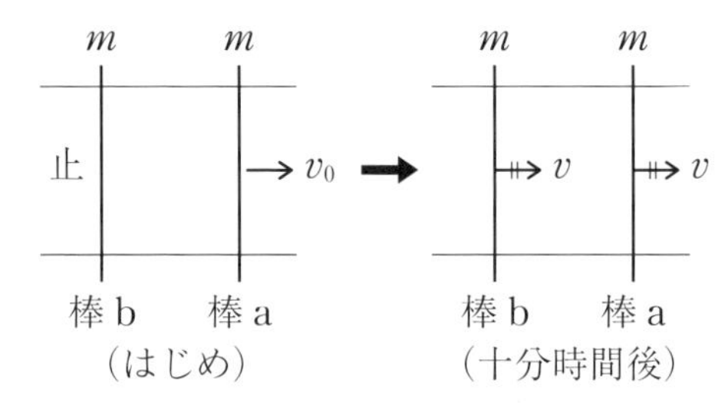

運動量保存則より，$mv_0 = 2mv \qquad \therefore \quad v = \dfrac{v_0}{2}$

となり，正解のグラフは③である。

第3問 ダイヤモンドが輝く原理と蛍光灯が光る原理を題材にし，光の屈折・反射および，運動量・エネルギーについての理解を問う問題

A 光の屈折・反射 標準

解法のポイント

問1　**振動数が媒質によらず一定**であることは知っておきたい。また，**屈折率が大きいほど，光速が小さくなる**ことに注目すれば，光の経路もイメージできる。

問2　**臨界角は，屈折角が90°となるときの入射角**であることに注目する。

問3　図5において，面AC，面BCでの入射角θ_{AC}，θ_{BC}が，**臨界角**θ_C**より大きければ全反射し，小さければ部分反射となる**ことに注目する。

設問解説

問1 【光の分散】 18 正解：① やや易

ア イ

振動数は媒質によらず一定で，変化しない。しかし，**媒質中は真空中より屈折率が大きく，光速が小さくなる**。公式 $v=f\lambda$ において，fが一定なのでvが小さくなれば波長λも小さくなる。よって，媒質中では**振動数は変化せず，光速，波長が変化する**。

ウ

波長の短い光のほうが，媒質中の屈折率がより大きくなる→媒質中で**光速がより小さくなる**ので，真空中から媒質中に入るときと，媒質中から真空中に出るときに，**より大きく屈折する**。よって，波長の短いほうの光が(i)の経路となる。

必要な知識 光の分散

右図のように，プリズムに白色光を入射させると，波長の短い紫色の光は屈折率が大きいため，波長の長い赤色の光に比べて大きく屈折する。そのため，白色光がさまざまな色に分かれる。このように，波長(色)の違いによって屈折率が異なるために光が分かれることを，**光の分散**という。

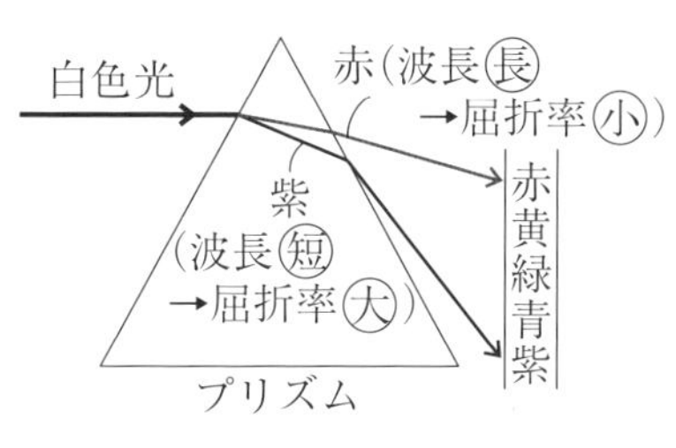

ダイヤモンドがさまざまな色で輝くことや，虹が見えるのはこの光の分散によるものである。

問 2 【屈折の法則・臨界角】 19 **正解**：② 易

エ

屈折の法則より，$\mathbf{1 \cdot \sin \textit{i} = \textit{n} \cdot \sin \textit{r}}$

オ

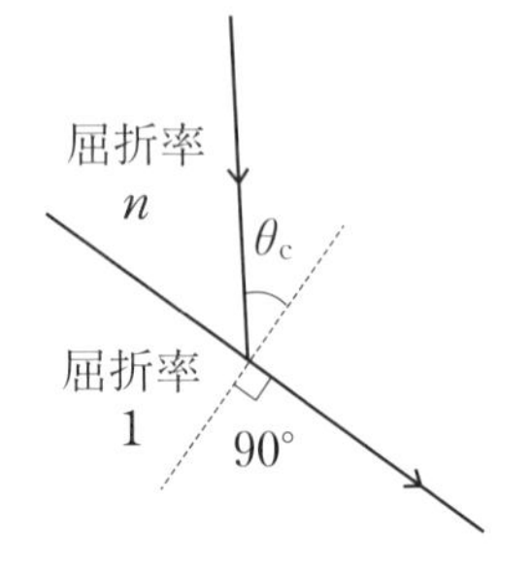

臨界角 θ_c は全反射し始めるときの入射角である。 つまり，右図のように**屈折角が 90°となるときの入射角**であるから，屈折の法則より，

$$n \cdot \sin\theta_c = 1 \cdot \sin 90^\circ \qquad \therefore \quad \sin\theta_c = \frac{1}{n}$$

問 3 【ダイヤモンドが明るく輝く理由】 20 21

正解：④，① 標準

20

カ キ

下図のように入射角を大きくすると，面 AC への入射角 θ_{AC} は小さくなり，全反射しにくくなる。θ_{AC} が臨界角 θ_c より大きければ面 AC で全反射をする。

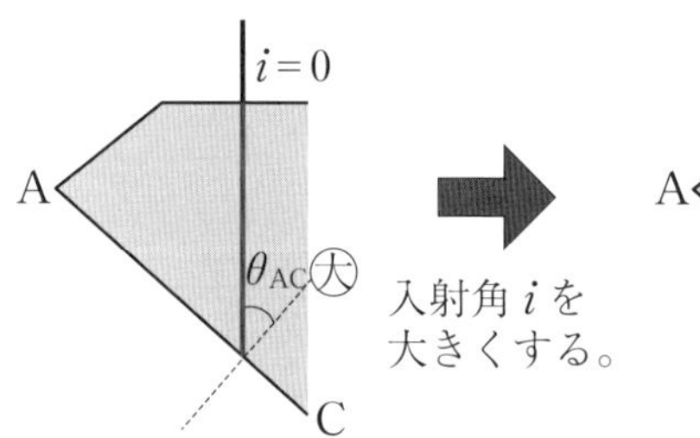

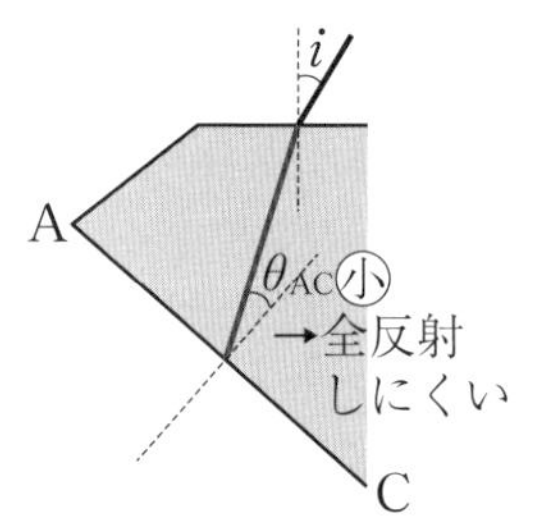

ダイヤモンドの場合，図 5(a)(右図)より，入射角 i が $0 < i < i_c$ の場合，面 AC への入射角 θ_{AC} は臨界角 θ_c より大きくなるので，**全反射**する。一方，$i_c < i < 90^\circ$ の場合，θ_{AC} は臨界角 θ_c より小さくなるため，全反射はせず，**部分反射**する。

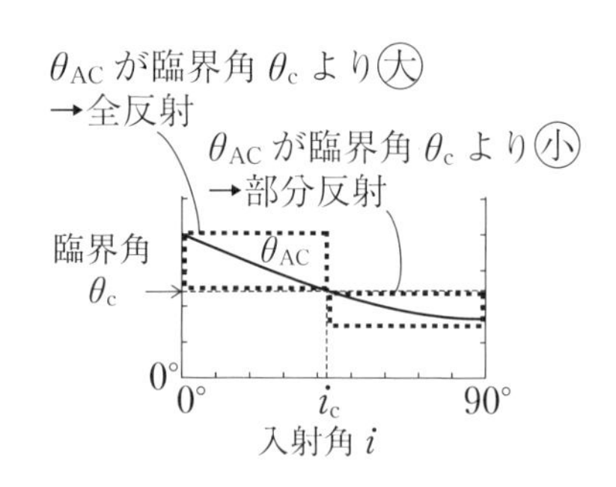

クの解説

ガラスの場合，図5(b)(右図)より，入射角i'が$0<i'<90°$のすべての範囲において，面ACへの入射角θ'_{AC}は臨界角θ'_cより小さくなるので，全反射せず，**部分反射**する。

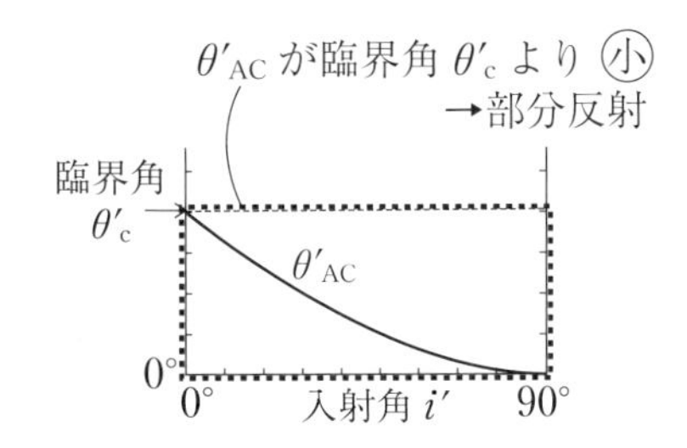

21

ケ

ダイヤモンドの屈折率が非常に大きいことはよく知られているので，そこから解答した人も多いと思うが，次のように解答することもできる。

図5(a)，(b)の臨界角θ_c，θ'_cを比べると，$\theta'_c>\theta_c$となっている。よって，

$$\sin\theta'_c>\sin\theta_c$$

となる。ここで，**問2** オ より$\sin\theta_c=\dfrac{1}{n}$であるから，ダイヤモンドの屈折率を$n_{ダイヤ}$，ガラスの屈折率$n_{ガラス}$とすれば，

$$\frac{1}{n_{ガラス}}>\frac{1}{n_{ダイヤ}} \qquad \therefore\ n_{ダイヤ}>n_{ガラス}$$

となり，ダイヤモンドはガラスより屈折率が**大きい**ことがわかる。

コ

「観察者のいる上方へ進む光が多い」とあるので，部分反射ではなく，二度全反射することが推測できるが，次のように解答することもできる。

図5(a)(下図左)より，ダイヤモンドの場合は$0<i<i_c$のとき，θ_{AC}，θ_{BC}ともに臨界角θ_cより大きいので，**面ACと面BCで二度全反射**する。一方，ガラスの場合は図5(b)(下図右)より，$0<i'<90°$のすべての範囲においてθ_{AC}が臨界角θ'_cより小さいので，**面ACでは部分反射となり，真空中に一部光がもれ出てしまう**。よって，ダイヤモンドのほうが，観察者のいる上方へ進む光が多い。

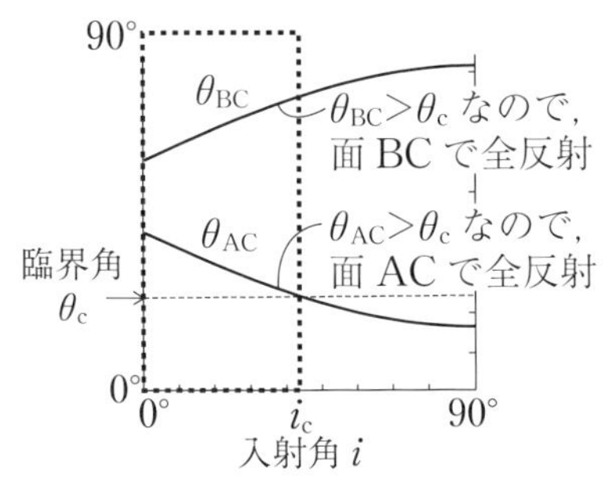

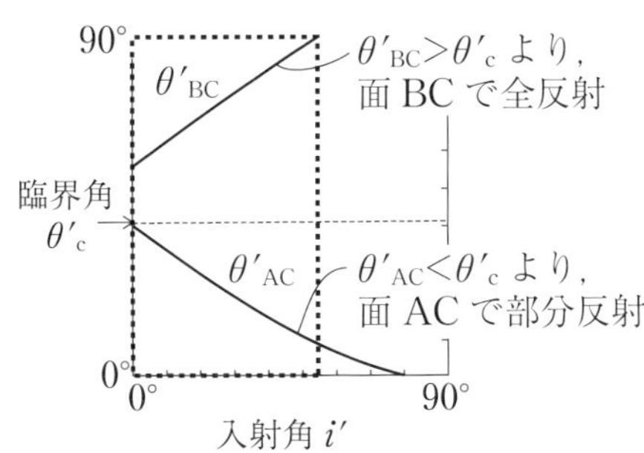

B 蛍光灯が光る原理 やや易

解法のポイント

問4 **運動エネルギーの増加分 = 位置エネルギーの減少分**であることに注目する。**電圧 = 電位差**であり，**+1C あたりの位置エネルギーの差**であることと，電子の電気量は $-e$ であることに注意しよう。

問5 運動量保存則が成立するのは，物体の系(グループ)に外力が働かない場合である。

問6 水銀原子に衝突する前の電子の運動エネルギーが，衝突後にどのようなエネルギーに変化しているか，ということに注目する。

設問解説

問4 【加速電圧によって電子が得る運動エネルギー】 22

正解 ：② やや易

図のように，フィラメントから放出された電子の運動エネルギーを E_0，プレートに到達したときの運動エネルギーを E とする。フィラメントとプレート間の電圧(電位差)が V なので，フィラメントの位置での**電位(=+1C あたりの位置エネルギー)**を 0 とすると，プレートの位置での電位は V となる。エネルギー保存則より，

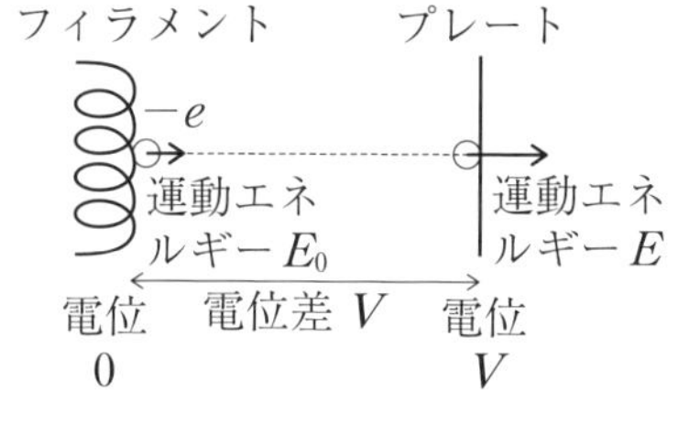

$$\underbrace{E_0+(-e)\cdot 0}_{\text{フィラメントの位置でのエネルギー}}=\underbrace{E+(-e)\cdot V}_{\text{プレートの位置でのエネルギー}} \qquad \therefore \quad E-E_0=eV$$

よって，電子の運動エネルギーの増加分，つまり**電子が得る運動エネルギーは eV** となる。これは電子の位置エネルギーの減少分と等しい。

問5 【電子と水銀原子の運動量の和】 23

正解 ：① やや易

過程(a)，(b)ともに，**電子と水銀原子の系(グループ)には外力が働いていない**。よって，どちらの過程においても運動量の和は**保存する**。

問6　【電子と水銀原子の運動エネルギーの和】　24　正解：⑥　やや易

過程(a)では，**衝突前の電子の運動エネルギー E_0** が，**衝突後の電子の運動エネルギー E** と，**水銀原子の運動エネルギー $E_{水銀}$** のみに変化しているので，**運動エネルギーの和は変化しない**。

一方，過程(b)では，**衝突前の電子の運動エネルギー E_0** が，**衝突後の電子の運動エネルギー E'** と，**水銀原子の運動エネルギー $E'_{水銀}$** に変化するだけでなく，水銀原子の状態を状態Aからよりエネルギーが高い状態Bに励起させるために費やされるので，**運動エネルギーの和は減る**。

分析編

解答・解説編

共通テスト・第1日程

予想問題・第1回

予想問題・第2回

予想問題・第3回

第4問 斜方投射されたボールの捕球を題材にした，主に衝突についての理解を問う問題

解法のポイント

問1　放物運動の**水平方向成分は等速運動**，**鉛直方向成分は下向きに加速度 g の等加速度運動**となることに注意する。また，AとBの**高さの差が極端に大きい場合を考える**と，速さや角度がどうなるかがイメージしやすい。

問2　[ボール]と，[B＋そり]の，衝突(合体)の問題と考える。

問3　弾性衝突(反発係数1)であれば力学的エネルギーは保存されるが，それ以外の衝突では保存されない。

問4　[イ]では，衝突直前・直後において，衝突面に垂直な方向(今の場合，鉛直方向)の速さが変わらないのが弾性衝突であることに注意する。

設問解説

問1　【斜方投射】　[25]　正解：④　やや易

ボールの**水平方向成分の運動は等速運動**なので，右図において $v_A \cos\theta_A = v_B \cos\theta_B$ である。一方，**鉛直方向成分の運動は等加速度運動**であり，AがBより高い位置にいることから，$v_A \sin\theta_A < v_B \sin\theta_B$ となる。

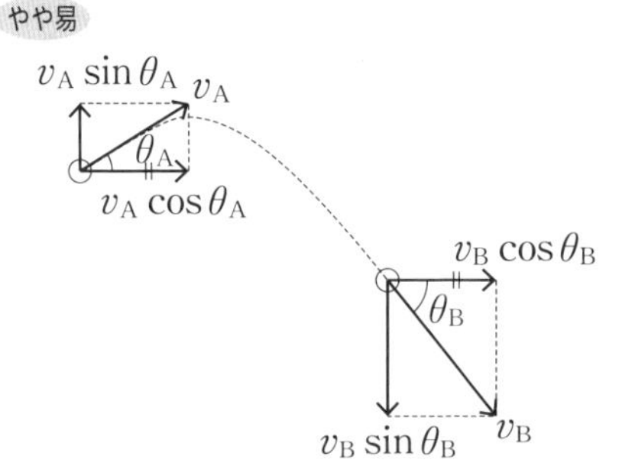

よって，$\boldsymbol{v_A < v_B,\ \theta_A < \theta_B}$ となる。$v_A < v_B$ となることは力学的エネルギー保存則からも明らかである。

問2　【捕球後の系の速度】　[26]　正解：③　やや易

[ボール]と，[B＋そり]からなる系には，水平方向に外力がはたらいていない(鉛直方向には重力や氷面からの垂直抗力が働く)。よって，**水平方向のみ，運動量保存則が成立する**。

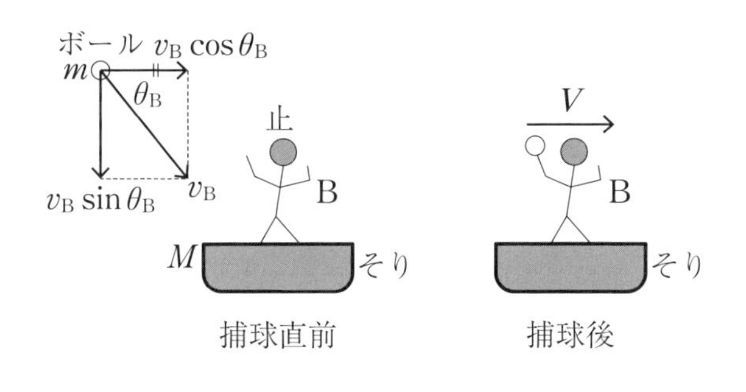

運動量保存則より，$mv_B\cos\theta_B=(M+m)V$　　$\therefore$　$V=\dfrac{mv_B\cos\theta_B}{M+m}$

問3　【捕球前後の力学的エネルギー変化】　27　正解：①　易

「Bさんがボールを捕球して，一体となって運動する」というのは，言い換えれば，**完全非弾性衝突**(反発係数が0)である。弾性衝突(反発係数が1)以外の衝突では力学的エネルギーが保存されず，**主に熱として力学的エネルギーが失われる**。よって，力学的エネルギーの変化 **ΔE は負の値**である。

問4　【ボールとそりの衝突についての会話】　28　正解：④　やや易

ア

摩擦のない氷上にあるそりにボールが衝突したにも関わらず，**そりが動かなかったのは，そりがボールから受ける力の水平方向成分が0であったから**と考えられる。鉛直方向成分は0ではないので，与えられた力積が0とはいえない。

イ

そりに衝突する直前と直後で，ボールの鉛直方向成分の速さが変わらなければ弾性衝突といえるが，そうでなければ弾性衝突とはいえない。よって，**ボールの鉛直方向の運動によっては弾性衝突とは限らない**。

解答・解説編
予想問題・第１回

解　答

問題番号（配点）	設問		解答番号	正解	配点
第１問（25）	1		1	2	3
			2	4	3
	2		3	6	5
	3		4	2	3
			5	5	3
	4		6	4	5
	5		7	3	3
第２問（25）	A	1	8	3	4
		2	9	2	4
		3	10	2	4
	B	4	11	4	4
		5	12	4	4
		6	13	1	3
			14	5	2

問題番号（配点）	設問		解答番号	正解	配点
第３問（25）	A	1	15	6	3
		2	16	2	3
		3	17	1	2
			18	7	3*
			19	4	
	B	4	20	1	3
		5	21	3	2
			22	6	2
		6	23	2	4*
			24	9	
			25	7	
		7	26	2	3
第４問（25）	1		27	2	5
	2		28	4	5
	3		29	4	5
	4		30	3	5
			31	1	5

（注）
＊は，全部を正しくマークしている場合のみ正解とする。

第1問　小問集合　標準

解法のポイント

問1　台車A，Bの水平方向に働く力はゴムひもによる張力のみで，逆向きで大きさの等しい力であるから，**運動量保存則が成立**する。

問2　[ア]では，点Cの点電荷が点Bの位置につくる電場の矢印を図に描き込み，**点Cの点電荷による電場の強さが点Aの点電荷による電場の強さの何倍であればよいか**考える。[イ]では，**原点Oの電位が0となっている**ことに注目する。

問3　[4]では，強め合う点を連ねた線，および弱め合う点を連ねた線の本数は，**波源と壁の間にできる定常波の腹の数，および節の数**とそれぞれ等しいことに注目する。[5]では，**定常波の節の位置に波源があるとき**に，波源の左側の直線L上に波ができないことに注目する。

問4　急激に押し込んだ場合は**断熱変化**，ゆっくり押し込んだ場合は**等温変化**となる。

問5　摩擦によって生じた熱は，**初めの物体の運動エネルギーと等しいこと**に注目する。また，物体が吸収する熱量Qは，$\boldsymbol{Q=m\cdot c\cdot \Delta t}$（$m$：質量，$c$：比熱，$\Delta t$：温度上昇）と表せることを用いる。

設問解説

問1　**【ゴムひもでつながれた2つの台車の衝突】**　[1]　[2]

正解：②，④　やや易

右向きを正の向きとすると，運動量保存則より，$0=1\cdot v_{\mathrm{A}}-2\cdot v_{\mathrm{B}}$

$$\therefore\quad \frac{v_{\mathrm{B}}}{v_{\mathrm{A}}}=\frac{1}{2}$$

常に$\dfrac{v_{\mathrm{B}}}{v_{\mathrm{A}}}=\dfrac{1}{2}$が成立しているので，台車Aと台車Bの移動距離$x_{\mathrm{A}}$，$x_{\mathrm{B}}$の比$\dfrac{x_{\mathrm{B}}}{x_{\mathrm{A}}}$も，$\dfrac{x_{\mathrm{B}}}{x_{\mathrm{A}}}=\dfrac{1}{2}$となる。よって，衝突する位置は，はじめのAの先端とBの先端の位置を2：1に内分した位置エとなる。

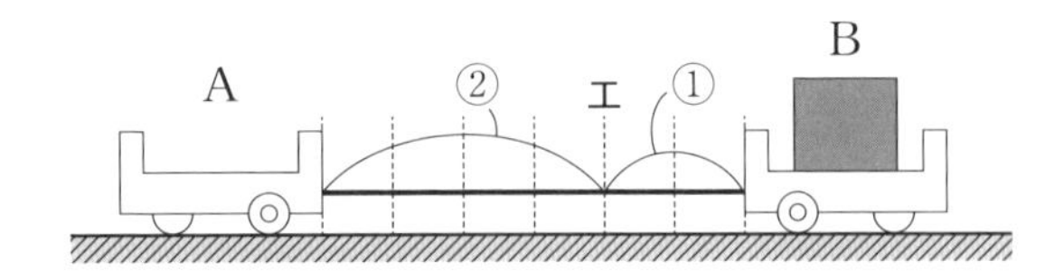

問 2 【点電荷による電場・電位】 3 正解：⑥ 標準

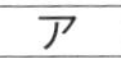
ア

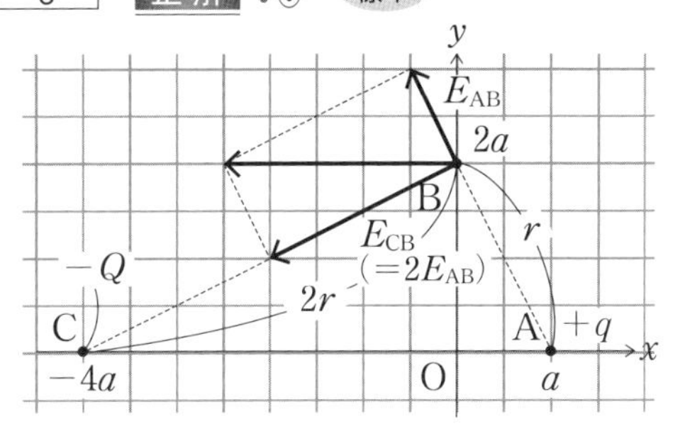

図のように，点Bでの電場の向きがx軸の負方向となるためには，点Cに負電荷を置き，点Bから点Cの向きに，点Aの点電荷による点Bの電場の強さE_{AB}の2倍の電場を生じさせればよい。

AB間の距離をrとし，クーロンの法則の比例定数をkとすると，$E_{AB}=k\dfrac{q}{r^2}$と表せる。BC間の距離は$2r$なので，点Cの点電荷の電気量を$-Q$とおくと，点Cの点電荷による点Bの電場の強さE_{CB}は，

$E_{CB}=k\dfrac{|-Q|}{(2r)^2}=k\dfrac{Q}{4r^2}$と表せる。これが$E_{AB}\left(=k\dfrac{q}{r^2}\right)$の2倍になっていればよいので，

$$k\frac{Q}{4r^2}=2\cdot k\frac{q}{r^2} \qquad \therefore \quad Q=8q$$

よって，点Cの点電荷の電気量を $\underline{\boldsymbol{-8q}}$ とすれば，点Bでの電場の向きがx軸の負方向となる。

イ

点Cの点電荷の電気量をQ'とする。原点Oでの電位が0であるから，点A，点Cの点電荷による原点Oでの電位をV_{AO}，V_{CO}とすると，

$$V_{AO}+V_{CO}=0 \qquad k\frac{q}{a}+k\frac{Q'}{4a}=0 \qquad \therefore \quad Q'=\underline{\boldsymbol{-4q}}$$

となる。

研　究

電位が0になる位置座標を$(x,\ y)$とすると，

$$k\frac{q}{\sqrt{(x-a)^2+y^2}}+k\frac{-4q}{\sqrt{(x+4a)^2+y^2}}=0$$

$$3x^2-8ax+3y^2=0$$

$$\left(x-\frac{4}{3}a\right)^2+y^2=\left(\frac{4}{3}a\right)^2$$

となり，電位が0の等電位線は，中心の位置座標が$\left(\dfrac{4}{3}a,\ 0\right)$，半径が$\dfrac{4}{3}a$

の円となる。この円と x 軸との交点は $(0,\ 0)$ と $\left(\frac{8}{3}a,\ 0\right)$ である。

問 3 【水面波の干渉】 [4] [5] **正解**：②，⑤ 標準

[4]

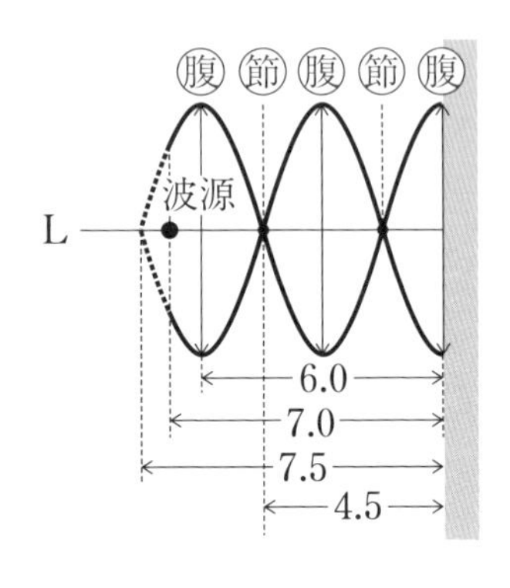

この水面波の波長 λ は，公式 $v=f\lambda$，$f=\frac{1}{T}$ より，$\lambda=vT=60\times0.10=6.0\,\mathrm{cm}$ である。強め合う点を連ねた線，つまり「**腹線」の本数は，波源と壁の間に生じる定常波の腹の個数と等しく**，弱め合う点を連ねた線，つまり「**節線」の本数は，定常波の節の個数と等しい**。波源と壁の間に生じる定常波は右図のようになり，波源と壁との間の腹は 3 つ，節は 2 つあることがわかる。よって，腹線は 3 本，節線は 2 本あることになり，正解の図は②となる。

必要な知識 定常波

互いに逆向きに進む振幅，波長が等しい波が重なると生じる「進まない波」。この問題では，壁に向かう入射波と壁での反射波が重なるため，定常波が生じる。**自由端は腹，固定端は節**となることも知っておきたい。

[5]

波源より左側の直線 L 上に波ができなくなるのは，**波源の位置が定常波の節の位置にあるとき**となる。上の図において，波源に最も近い節の位置は壁から 4.5 cm の位置なので，初めの位置から右に **2.5 cm** 移動させると波源が節の位置に来るので，波源の左側の直線 L 上は弱め合うため波ができない。すなわち，波源の左側の直線 L 上が節線となる。

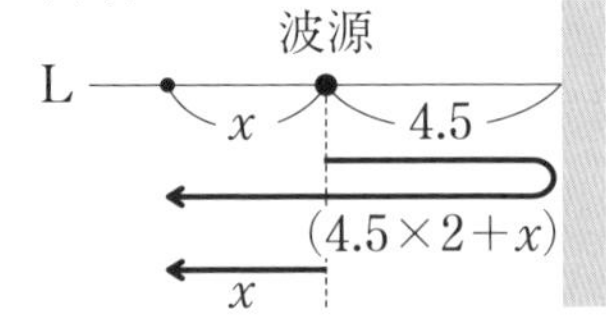

このことは数式でも確認できる。右図のように，波源から左に x 離れた位置において，入射波と反射波の経路差は，

$(4.5\times2)+x-x=9.0\,\mathrm{cm}$ となり，これは

$\lambda=6.0\,\mathrm{cm}$ の $\frac{3}{2}$ 倍であるから，波源の左側は x によらず**弱め合う条件**を満たす。

※　弱め合う条件

$$(\text{経路差})=\left(m+\frac{1}{2}\right)\lambda \quad (m\text{ は整数})$$

問4 【断熱変化と等温変化】 [6] 正解：④ やや易

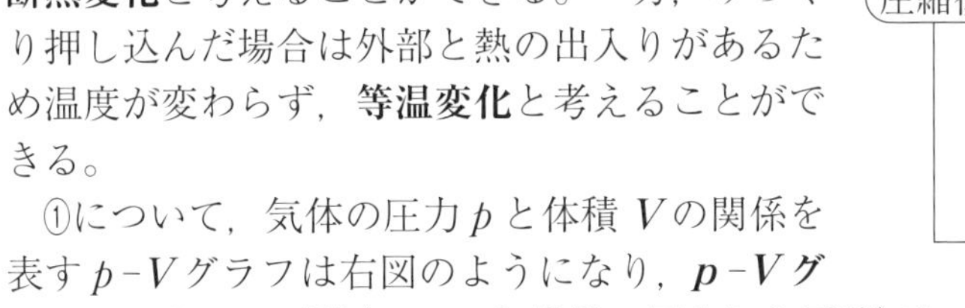

急激にピストンを押し込んだ場合，気体の体積が減少する間の熱の出入りが無視できるので，**断熱変化**と考えることができる。一方，ゆっくり押し込んだ場合は外部と熱の出入りがあるため温度が変わらず，**等温変化**と考えることができる。

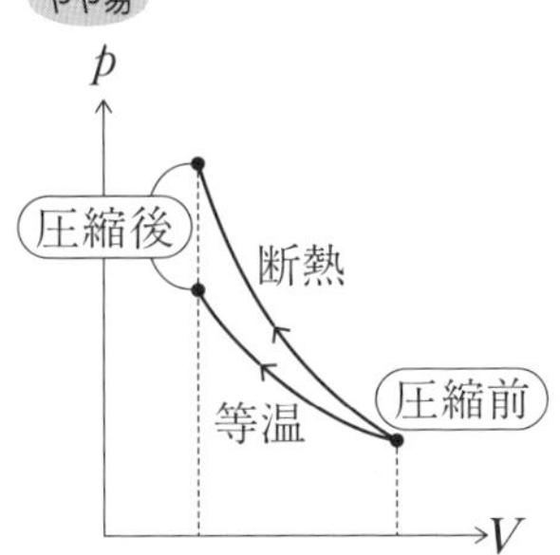

①について，気体の圧力 p と体積 V の関係を表す p-V グラフは右図のようになり，**p-V グラフで囲まれた面積（グラフと横軸で囲まれた面積）は，気体がされた仕事の大きさを表す**ので，断熱変化の場合，つまり急激に押し込んだ場合のほうが面積が大きく，気体がされた仕事は大きいといえる。よって，**誤り**。

②について，急激に押し込んだ場合は断熱圧縮となるので，温度が高くなり，内部エネルギーが増加する。一方，ゆっくり押し込んだ場合は等温変化となるので，内部エネルギーは変化しない。よって，**誤り**。

③について，急激に押し込んだ場合のほうが温度が高くなり，同じ体積となるから圧力も高くなる。よって，**誤り**。

④について，ゆっくり押し込んだ場合について，熱力学第1法則 $\Delta U = Q + W$ （ΔU：内部エネルギーの変化，Q：気体が吸収した熱量，W：気体が外部からされた仕事）より，

$$0 = Q + W \qquad \therefore \quad -Q = W$$

よって，**気体が放出した熱量 $-Q$ は気体がされた仕事 W に等しいので，正しい**。

問5 【摩擦熱による温度変化】 [7] 正解：③ やや易

最終的に物体は静止するので，初めの運動エネルギー $\dfrac{1}{2}mv_0^2$ **が摩擦によって生じた熱となり**，**この熱は質量に比例する**ことがわかる。よって，摩擦によって生じた（物体が得た）熱は，質量の大きい **A のほうが大きい**。

また，物体の比熱を c，温度の上昇を Δt とすると，

$$\frac{1}{2}mv_0^2 = m \cdot c \cdot \Delta t \qquad \therefore \quad \Delta t = \frac{v_0^2}{2c}$$

となり，この場合，温度上昇 Δt は質量 m によらない。よって，温度の上昇は **A と B で変わらない**。

第2問 万有引力による運動および，単振動と電気振動の理解を問う問題

A 万有引力による宇宙船の運動 やや易

解法のポイント

問1 宇宙船の質量と速さを m, v などとおき，円運動の中心方向について運動方程式を立てる。

問2 宇宙船内の観測者から見た，宇宙船内の質量 m_0 の物体に働く力を考える。

問3 楕円運動の周期 T は**ケプラーの第3法則 $T^2 = kr^3$** (r：長軸の半径)から考える。分離後，宇宙船1，2の軌道が元の円軌道に比べてどうなるかに注目する。

設問解説

問1 【宇宙船の円運動の速さ】 8 **正解**：③ 易

宇宙船の質量を m，速さを v とすると，宇宙船についての運動方程式は，

$$m\frac{v^2}{R+h} = G\frac{Mm}{(R+h)^2} \qquad \therefore \quad v = \underline{\sqrt{\frac{GM}{R+h}}}$$

問2 【宇宙船内が無重量状態になる理由】 9 **正解**：② 易

宇宙船内の観測者から見ると，宇宙船内の質量 m_0 の物体に働く万有引力の大きさは $G\frac{Mm_0}{(R+h)^2}$ である。また，遠心力の大きさは，$m_0 \cdot \frac{v^2}{R+h}$ と表せて，ここに**問1**の $v = \sqrt{\frac{GM}{R+h}}$ を代入すれば，遠心力の大きさは $G\frac{Mm_0}{(R+h)^2}$ となる。よって，**万有引力と遠心力がつり合うため，重力が働かなくなったように見える**。この状態を「無重量状態」という(重力が無くなったわけではないので「無重力状態」ではない)。

問 3 【楕円運動の周期】 10 **正解**：② 標準

ケプラーの第 3 法則 $T^2 = kr^3$ より，楕円運動の周期は，楕円の長軸の半径 r が大きいほど長くなる。図のように，宇宙船 1 は分離の際に進行方向に力を受けて加速し，元の円軌道よりも大きい軌道を描くため，**周期は長くなる**。一方，宇宙船 2 は進行方向と逆向きに力を受けて減速し，元の円軌道よりも小さい楕円軌道を描くため，**周期は短くなる**。

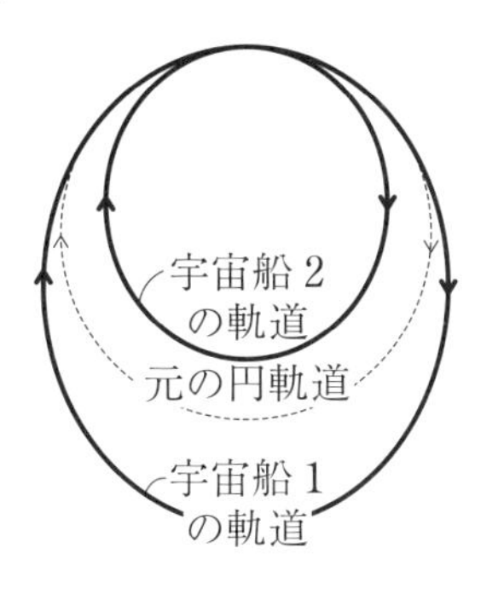

B 単振動と電気振動 標準

解法のポイント

問 4 単振動における速さの最大値 v_{MAX} は，公式 $\boldsymbol{v_{\mathrm{MAX}} = A\omega}$ （A：振幅，$\omega\left(=\sqrt{\dfrac{k}{m}}\right)$：角振動数）から求められることを用いる。

問 5 **振動の中心は力のつり合いの位置**であり，**周期は公式 $T = 2\pi\sqrt{\dfrac{m}{k}}$** で表されることに注目する。

問 6 14 では，ア と イ がそれぞれ，**x および q の振動の中心**であることに注目する。

設問解説

問 4 【単振動の速さの最大値】 11 **正解**：④ やや易

単振動における速さの最大値 v_{MAX} は，公式 $\boldsymbol{v_{\mathrm{MAX}} = A\omega}$ から求められる。右図のように，振幅 A は，速さが 0 で振動の端である自然長の位置と，振動中心(＝つり合いの位置)との距離である。よって，**振動中心におけるばねののびが振幅 A** となる。

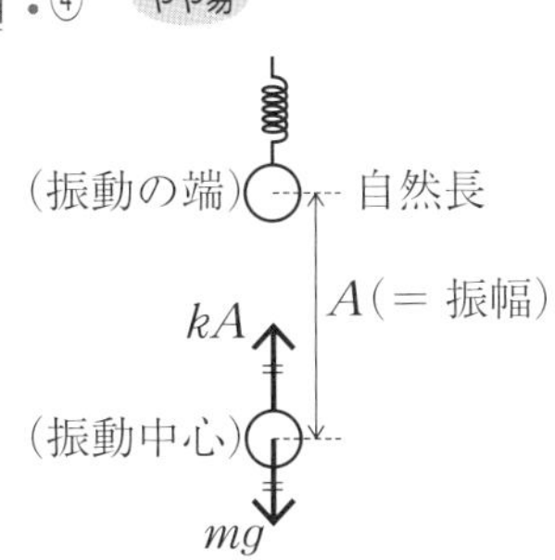

力のつり合いより，

$$kA = mg \qquad \therefore \quad A = \frac{mg}{k}$$

となる。よって，$v_{\mathrm{MAX}} = \dfrac{mg}{k} \cdot \sqrt{\dfrac{k}{m}} = \underline{\boldsymbol{g\sqrt{\dfrac{m}{k}}}}$ となる。

問5 【単振動の周期および振動中心】 12 **正解**：④ やや易

初速を与えた場合，振幅は大きくなるが，振動の中心の位置は力のつり合いの位置であるから，初速を与えても**変化しない**。また，周期は公式 $T=2\pi\sqrt{\dfrac{m}{k}}$ において，質量 m とばね定数 k が一定なので，初速を与えても**変化しない**。よって正解は④となる。

問6 【単振動と電気振動の類似性】 13 14 **正解**：①，⑤ 標準

13

ア

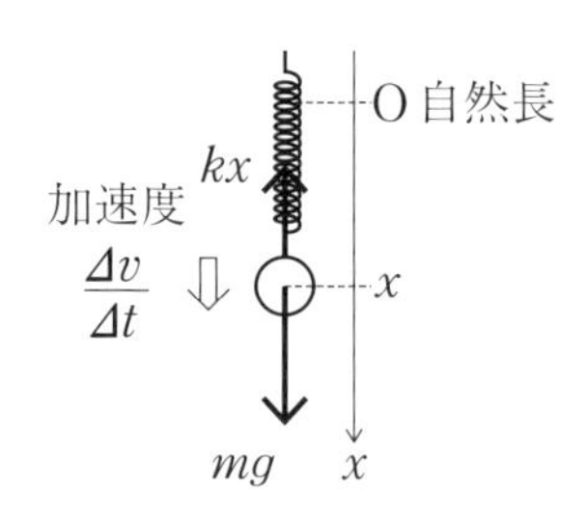

右図より，おもりの運動方程式は，

$$m\frac{\Delta v}{\Delta t}=-kx+mg$$

$$\therefore\quad m\frac{\Delta v}{\Delta t}=-k\left(x-\underset{\text{振動中心}}{\boldsymbol{\frac{mg}{k}}}\right)\quad\cdots\cdots(1)$$

となり，$x=\dfrac{mg}{k}$ で合力が0となる(＝力がつり合う)ので，おもりは $\boldsymbol{x=\dfrac{mg}{k}}$ **を中心に振動**することがわかる。

イ

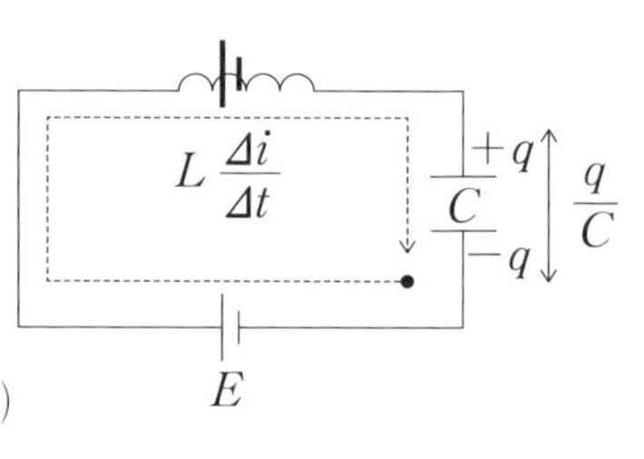

右図の回路において，キルヒホッフの第2法則より，

$$E-L\frac{\Delta i}{\Delta t}-\frac{q}{C}=0$$

$$\therefore\quad L\frac{\Delta i}{\Delta t}=-\frac{1}{C}(q-\underset{\text{振動中心}}{\boldsymbol{CE}})\quad\cdots\cdots(2)$$

14

式(1)，(2)の対応から，コンデンサーの電荷 q は右図のように CE を中心に振動することがわかる。

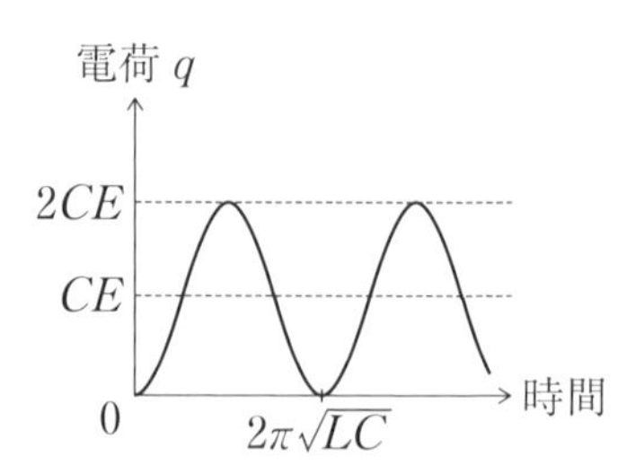

よって，コンデンサーの電荷の最大値は $2CE$ となり，公式 $Q=CV$ より，電圧の最大値 V_{MAX} は，

$$2CE = CV_{\mathrm{MAX}} \qquad \therefore \quad V_{\mathrm{MAX}} = \underline{\boldsymbol{2E}}$$

となる。

+α の知識

単振動の周期は $T = 2\pi\sqrt{\dfrac{m}{k}}$ であるが，電気振動の周期 T' は，式(1)と式(2)を比較すると，$m \to L$，$k \to \dfrac{1}{C}$ のように対応していることから，$T' = 2\pi\sqrt{LC}$ となる。

第3問 コンデンサーおよび電流がつくる磁場の理解と，実験結果を分析し考察する力を問う問題

A コンデンサーの電気容量の測定 やや易

解法のポイント

問1 [ア] は**十分に時間が経過した後，コンデンサーの電荷が Q，回路に流れる電流が0**となることに注目する。[イ] はキルヒホッフの第2法則を用いる。[ウ] は電流の定義「**電流 ＝ 単位時間あたりに導線の断面を通過する電荷(電気量)**」から考える。

問2 **問1**の結果から，可変抵抗の抵抗値 R を時間 t を用いて表す。

問3 [17] は，グラフの面積がコンデンサーに蓄えられた電荷であることに注目する。[18] [19] は，ここまでの問題で求めたことを用いる。

設問解説

問1 【電気容量の測定方法に関する会話】 [15] **正解**：⑥ やや易

[ア]

コンデンサーの電気容量を C〔F〕とし，十分に時間が経過した後のコンデンサーの電荷を Q〔C〕とすると，キルヒホッフの第2法則より，

$$3-\frac{Q}{C}=0 \qquad \therefore \quad C=\underline{\boldsymbol{\frac{Q}{3}}}$$

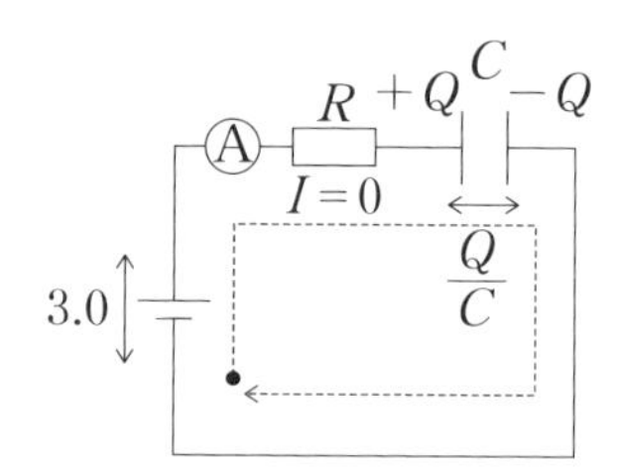

[イ]

右図の回路について，キルヒホッフの第2法則より，

$$3-RI-\frac{q}{C}=0 \qquad \therefore \quad I=\underline{\boldsymbol{\frac{1}{R}\left(3-\frac{q}{C}\right)}}$$

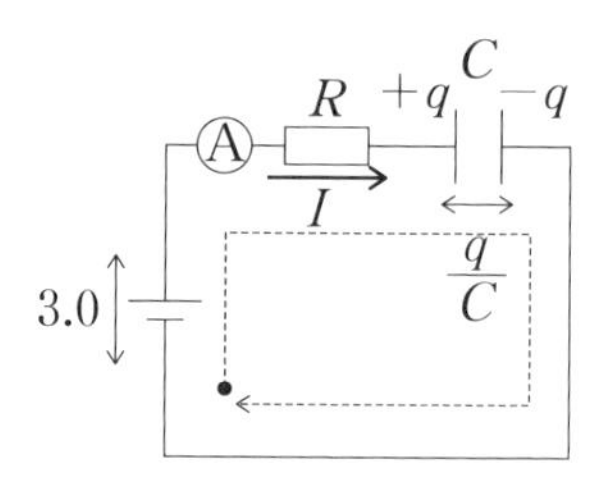

[ウ]

電流 ＝「**単位時間あたりに導線の断面を通過する電荷**」より，コンデンサーには単位時間あたり I〔C〕の電荷が蓄えられる。よって，時間 t〔s〕経過後のコンデンサーの電荷 q〔C〕は，$q=\underline{\boldsymbol{It}}$ と表せる。

問2 【可変抵抗の抵抗値の時間変化】 [16] **正解**：② やや易

問1の [イ] の q に [ウ] の $q=It$ を代入すると，

$$I=\frac{1}{R}\left(3-\frac{It}{C}\right) \qquad \therefore \quad R=\frac{3}{I}-\frac{1}{C}t$$

となり，Iを一定値とすれば，可変抵抗の抵抗値は②のように変化させればよいことがわかる。

問3 【コンデンサーの電気容量】 17 18 19

正解 ：①，⑦，④ やや易

17

図3のグラフの面積から，十分に時間が経過した後のコンデンサーの電荷Qは，

$$Q \fallingdotseq \underline{\mathbf{2.1 \times 10^{-3}\ C}}$$

18 19

問1の ア より，コンデンサーの電気容量Cは，

$$C=\frac{Q}{3}=\frac{2.1\times 10^{-3}}{3}=\underline{\mathbf{7\times 10^{-4}\ F}}$$

となる。

B 電流がつくる磁場 標準

解法のポイント

問4 **電流がつくる磁場の向きは「右ねじの法則」で求める**ことができる。方位磁針のN極が指す向きは，**地磁気による磁場と棒の電流による磁場を合成した磁場の向き**になる。

問5 グラフが**直線**となることで縦軸と横軸に設定した2つの量が比例の関係にあることが確認できる。グラフが曲線になってしまうと2つの量の関係がわかりにくい。

問6 $\dfrac{B}{B_0}=\tan\theta$ と，式(*) $B=k\dfrac{I}{r}$ を利用する。

問7 棒の高さが低く，電流を大きくした場合，**方位磁針の位置での電流がつくる磁場の強さが大きくなる**ことに注目する。真のrの値は棒(電流)と磁針の先端(磁極)との距離であるが，棒の高さをrとした場合，真のrの値と比べてどのようにずれが生じ，その結果，kの値が真のkの値からどのようにずれるかを考える。

設問解説

問4 【直線電流がつくる磁場・磁場の合成】 20 **正解**：① やや易

方位磁針が時計回りに振れたことから，この位置に棒の電流がつくる磁場の向きは東向きである。**右ねじの法則**より，棒の電流の向きは**北から南**の向きであることがわかる。

また，方位磁針のN極の指す向きが，地磁気による磁場と，電流による磁場を合成した磁場の向きであることから，

北
B_0
$\theta=30^\circ$
B

右図より，$\dfrac{B}{B_0}=\tan 30^\circ=\dfrac{1}{\sqrt{3}}$

問5 【グラフによる比例・反比例の関係の検証】 21 22

正解：③，⑥ 標準 思

表1から式(＊) $B=k\dfrac{I}{r}$ を確認するためには，**磁束密度の大きさ B と電流の大きさ I が比例することを確認すればよい**。B は，**問1**より $\tan\theta=\dfrac{B}{B_0}$ であり，B_0 は一定であることから，**B は $\tan\theta$ に比例する**。よって，**横軸に電流 I，縦軸に $\tan\theta$** をとったグラフを描き，直線となることを確認すればよい。

表2から式(＊)を確認するためには，**磁束密度の大きさ B が距離 r，つまり棒の高さに反比例することを確認すればよいが**，横軸に高さ，縦軸に $\tan\theta$ をとったグラフは曲線になるため，この反比例の関係が確認しにくいので，**横軸に高さの逆数，縦軸に $\tan\theta$** をとったグラフを描き，**直線**となることを確認すればよい。

問6 【電流がつくる磁束密度の比例定数】 23 24 25

正解：②，⑨，⑦ やや易

$\dfrac{B}{B_0}=\tan\theta$ より，$B=B_0\tan\theta$

これを式(＊)$B=k\dfrac{I}{r}$ に代入すると，$B_0\tan\theta=k\dfrac{I}{r}$

$$\therefore\quad k=\frac{B_0 r\tan\theta}{I}$$

と表せる。$B_0=3.0\times10^{-5}\,\mathrm{T}$，$r=0.10\,\mathrm{m}$，$I=3.0\,\mathrm{A}$，$\tan\theta=\tan 16^\circ=0.29$ を代入すると，$k=\mathbf{2.9\times10^{-7}\,m\cdot T/A}$ が得られる。

問 7 【誤差の原因】 26 **正解**：② やや難 思

棒の高さが低く，電流を大きくした場合，方位磁針の位置における電流のつくる磁場が強くなるため，方位磁針の**振れ角は大きくなる**。磁針の振れ角が大きい場合，右図のように，棒と磁針の先までの距離，つまり**真の $\boldsymbol{r}$ の値が棒の高さに比べてより大きくなる**。式(＊)より，k は $k=\dfrac{B}{I}r$ と表せるが，棒の高さを r とした場合，**$\boldsymbol{r}$ を真の $\boldsymbol{r}$ の値よりも小さく見積もってしまっている**ため，この場合の k の値は**真の $\boldsymbol{k}$ の値よりも小さくなる**。

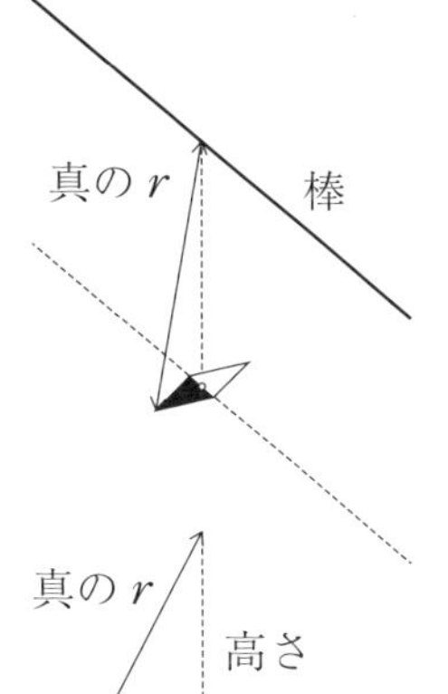

第4問 光電効果についての理解および，グラフを活用する力を問う問題

光電効果

解法のポイント

問1 光電効果が生じると，負の電荷である電子が失われていくことに注目する。

問2 図5から $V_0 = 2.0\,\mathrm{V}$ となる振動数を読み取る。

問3 図4において，Vを十分に大きくしたとき，一定値となった電流(**飽和電流**という)の値は**単位時間当たりに陰極Kを飛び出した光電子の個数**を表しており，また，**阻止電圧 V_0 は陰極を飛び出す光電子の最大運動エネルギー**を表していることに注目する。

問4 [ア] [イ] から得られた式が，図5の直線を表していることに注目する。

設問解説

問1 【箔検電器】 [27] 正解：② 易

光電効果によって電子が飛び出せば，箔検電器の負の帯電量が減少するため，箔同士の反発力が減少し，**箔が閉じる**はずである。

問2 【阻止電圧と振動数】 [28] 正解：④ やや易

図3より，$V_0 = 2.0\,\mathrm{V}$

図5より，$V_0 = 2.0\,\mathrm{V}$となるときの光の振動数は，$\mathbf{1.5 \times 10^{15}\,Hz}$

研　究

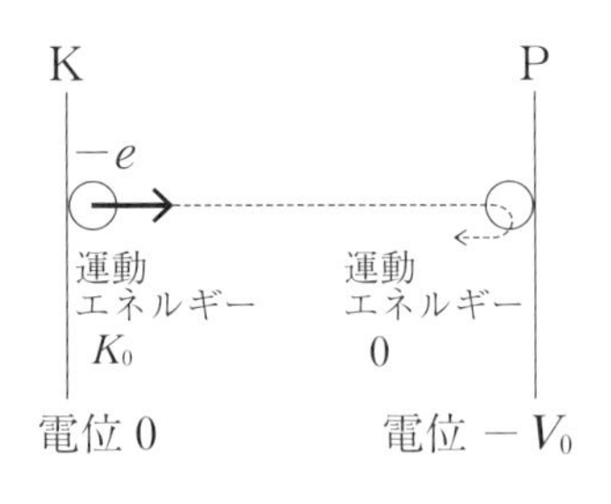

電流Iが0となるときの陰極Kに対する陽極Pの電位$-V_0$の大きさV_0のことを**阻止電圧**といい，この阻止電圧V_0から，Kを飛び出す**光電子の最大の運動エネルギー K_0** を以下のようにして知ることができる。

Iが0になる，ということは，右図のように，Kから飛び出すときに最大の運動エネルギーK_0をもつ電子でさえも，ギリギリPに到達できなかった，つまりPの位置で運動エネルギーが0になったと考えられるので，電子の電気量を$-e$として，エネルギー保存則より，

$$K_0 + (-e)\cdot 0 = 0 + (-e)\cdot(-V_0)$$

$$K_0 = eV_0$$

よって，**K を飛び出す光電子の最大の運動エネルギー K_0 は，阻止電圧 V_0 を用いて eV_0 と表せる**ことがわかる。

問3 【光電効果のグラフについての考察】 29

正解：④ 標準 思

①について，図4より，光量が多いほど，Vが十分に大きいときの一定値となった電流（飽和電流という）が大きいので，飛び出す光電子の個数が多いといえる。よって，①は**正しい**。

②について，図4より，光量を変化させても阻止電圧 V_0 は 2.0 V で不変。よって，陰極 K から飛び出す光電子の最大の運動エネルギー K_0 も不変であり，飛び出す速さも不変である。よって，②は**正しい**。

③について，図5より，光の振動数が大きいほど，阻止電圧 V_0 が大きくなるので，最大運動エネルギー K_0 も大きく，飛び出す速さも大きいといえる。よって，③は**正しい**。

④について，図4より，K に対する P の電位 Vを高くしていくと電流が大きくなるので，**P に到達する電子の数は多くなる**ことがいえるが，一方，この電位 Vを十分に高くすると電流が一定値となることは，**単位時間あたりに K から飛び出した一定量の光電子がほぼすべて P に到達している**ことを意味するので，電位を高くしたことによって K から飛び出す電子の個数が増えたとはいえない。よって，④は**誤り**である。

問4 【プランク定数と仕事関数】 30 31 **正解**：③，① 標準

30

ア

電子1個が光子1個からエネルギー $h\nu$ を吸収し，そこから仕事関数 W を差し引いた残りが光電子の運動エネルギーの最大値 K_0 となる。

よって，$K_0 = \boldsymbol{h\nu - W}$

イ

阻止電圧 V_0 を用いれば，K_0 は $K_0 = \boldsymbol{eV_0}$ と表せる（**問2** 研究 を参照）。

31

$K_0 = h\nu - W$ に，$K_0 = eV_0$ を代入し，

$$eV_0 = h\nu - W$$

$$V_0 = \frac{h}{e}\nu - \frac{W}{e}$$

この式と図5の直線のグラフとの対応を考えると，**グラフの傾きが $\boldsymbol{\frac{h}{e}}$**，**グラフと縦軸との交点の $\boldsymbol{V_0}$ の値の大きさが $\boldsymbol{\frac{W}{e}}$** であることがわかる。よって，

$$\frac{h}{e} = \frac{3.8 - 0}{(2.0 - 0.9) \times 10^{15}}$$

$$\therefore \quad h = 3.45 \times 10^{-15} \times 1.6 \times 10^{-19} \fallingdotseq \underline{\mathbf{5.5 \times 10^{-34}\ J \cdot s}}$$

参考　陰極Kの仕事関数 W は，

$$\frac{W}{e} = 3.0$$

$$\therefore \quad W = 3.0 \times 1.6 \times 10^{-19} = 4.8 \times 10^{-19}\ \mathrm{J}$$

+αの知識

プランク定数は $\mathbf{6.63 \times 10^{-34}\ J \cdot s}$ であるが，この実験では，十分に高い精度が得られなかったため，$5.5 \times 10^{-34}\ \mathrm{J \cdot s}$ の実験値となった。

解答・解説編
予想問題・第2回

解　答

問題番号(配点)	設問		解答番号	正解	配点
第1問(25)	1		1	2	3
			2	5	3
	2		3	1	4
	3		4	2	5
	4		5	1	5
	5		6	3	5*
			7	3	
			8	1	
			9	5	
第2問(30)	A	1	10	6	3
			11	7	3
		2	12	2	5
		3	13	2	4
	B	4	14	4	5
		5	15	2	5
		6	16	6	5*
			17	6	
			18	3	

問題番号(配点)	設問		解答番号	正解	配点
第3問(25)	A	1	19	4	5
		2	20	5	5
		3	21	1	5
	B	4	22	5	5
		5	23	5	5
第4問(20)	1		24	6	4
	2		25	2	4
	3		26	3	3
			27	3	3
			28	2	3
			29	1	3

(注)
＊は，全部を正しくマークしている場合のみ正解とする。

第1問 小問集合 標準

解法のポイント

問1 **加速度の向きは，物体に働く重力と弾性力の合力の向き**であり，**加速度の大きさは合力の大きさに比例する**ことを考えるとイメージしやすくなる。また，ゴムロープが伸びた状態での物体の運動は**単振動**の一部であることにも注意したい。

問2 手回し発電機の手ごたえは電流が大きいほど重く，豆電球の明るさは電流が大きいほど明るくなる。コンデンサーに電荷が蓄えられるにつれて，**電流がどのように変化していくか**に注目する。

問3 [ア]は，荷電粒子の電荷，質量，速さ，半径，および磁束密度の大きさを文字でおき，荷電粒子についての**運動方程式を立てる**。[イ]は，円運動の周期が $T=\dfrac{2\pi r}{v}$ と表せることを用いる。

問4 回折格子を等間隔に並んだ多数のスリットと考え，スリットを通った光がどの方向に回折し，干渉して強め合うかを考える。**隣り合うスリットを通過した2つの光に注目**すれば，強め合う光の角度(回折角)がわかる。

問5 放射される光の振動数が最大となるのは，n_1 の状態から $n_2=2$ の状態に移る際の，**エネルギーの落差が最大**となる場合($n_1=\infty$)であることに注目する。

設問解説

問1 【バンジージャンプにおける a-t グラフと v-t グラフ】

[1] [2] 正解：②，⑤ やや難

図のように人が落下してから，ゴムロープが自然長となる位置までは，**加速度は重力加速度 g で一定**となり，**速度が一定の割合で増加**していく。人に働く重力とゴムロープの弾性力がつり合う位置で加速度は0になるが，それまでは，重力のほうが弾性力より大きく，合力は下向きになるため，加速度は正となり，速度が増加していく。力のつり合いの位置を越えて，最下点で速さが0となるまでの間は，上向きの弾性力が重力よりも大きいため，合力は上向きと

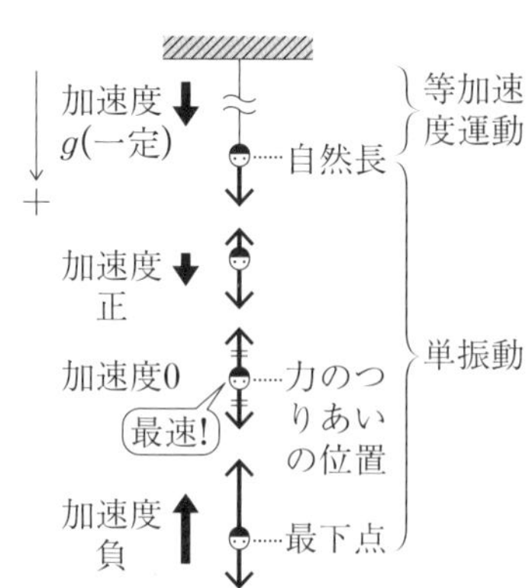

なり，加速度は負になるため，速度は減少していく。

以降，上向きに加速し，力のつり合いの位置で速さが最大となり，減速して，もとの高さに戻る。また，ゴムロープがたるんでいる間は**等加速度運動**となるが，ゴムロープが伸びている間は，伸びに比例した復元力が働くため**単振動**となり，速度，加速度の時間変化のグラフは**正弦曲線**となる。

問２ 【手回し発電機とコンデンサー，豆電球からなる回路】 3

正解：① 標準

手回し発電機による起電力が一定である場合，**コンデンサーに電荷が蓄えられるにつれて**，**コンデンサーに流れ込む電流は小さくなり**，やがてコンデンサーの充電が完了し，電流は0になる。よって，豆電球の明るさははじめは明るいが，**次第に暗くなっていき，やがて点灯しなくなる**。また，**手回し発電機のハンドルを回すことによって供給される電力は**，**電流が小さくなるにつれて小さくなる**ため，手ごたえは**次第に軽くなる**。

研　究

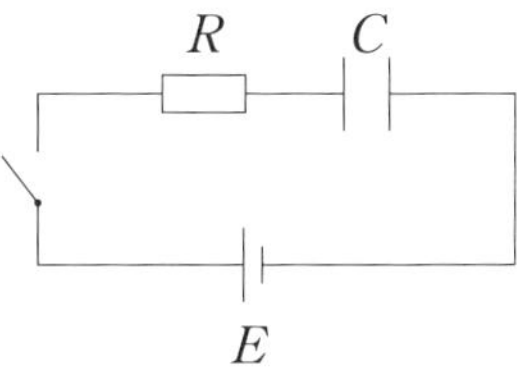

図のような内部抵抗の無視できる起電力 E の電源と，抵抗値 R の抵抗，電気容量 C のコンデンサーとスイッチからなる回路を考える。スイッチを閉じて，コンデンサーに蓄えられた電気量が q になったとき，回路に流れる電流 I は，キルヒホッフの第２法則より，

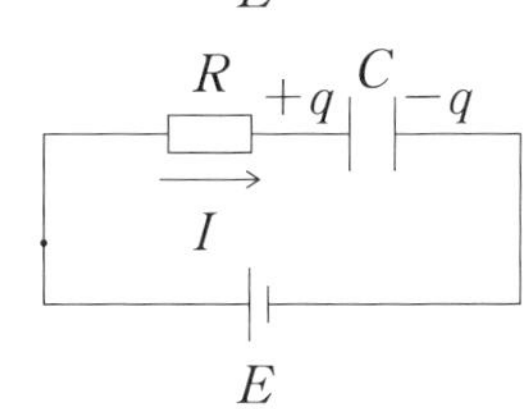

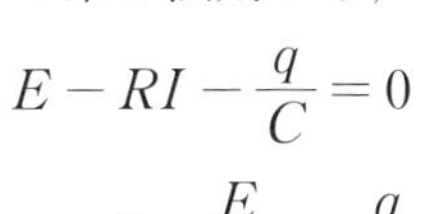

$$E - RI - \frac{q}{C} = 0$$

$$\therefore \quad I = \frac{E}{R} - \frac{q}{RC}$$

よって，q が増加するにつれ，I は減少し，やがて $I=0$ となる。電流 I の時間変化は下図のようになる。

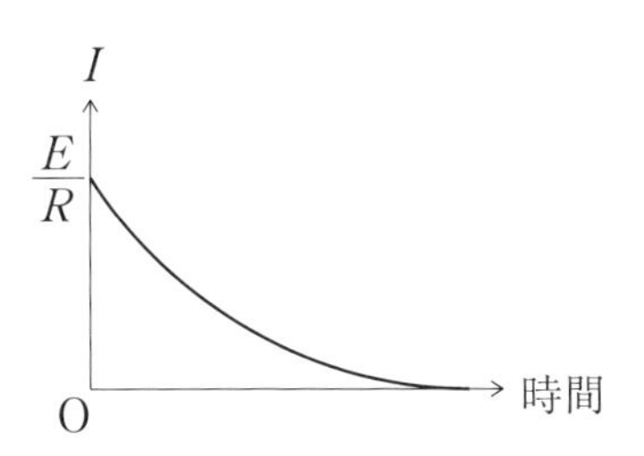

問3 【磁場中の荷電粒子の円運動】 4 正解：② やや易

ア

荷電粒子の電荷をq，質量をm，速さをv，円運動の半径をrとおき，磁束密度の大きさをBとおく。荷電粒子の運動方程式は，

$$m\frac{v^2}{r}=qvB \qquad \therefore \quad r=\frac{m}{qB}v$$

半径rは速さvに比例するので，**速さを2倍にすると半径も2倍になる**。

イ

円運動の周期Tは，

$$T=\frac{2\pi r}{v}=\frac{2\pi}{v}\cdot\frac{m}{qB}v=\frac{2\pi m}{qB}$$

となり，速さによらない。よって，**速さを2倍にしても周期は変わらない**。

問4 【回折格子】 5 正解：① 標準

多数の平行な溝を等間隔に引いた回折格子は，等間隔に並んだ多数のスリットと考えることができる。

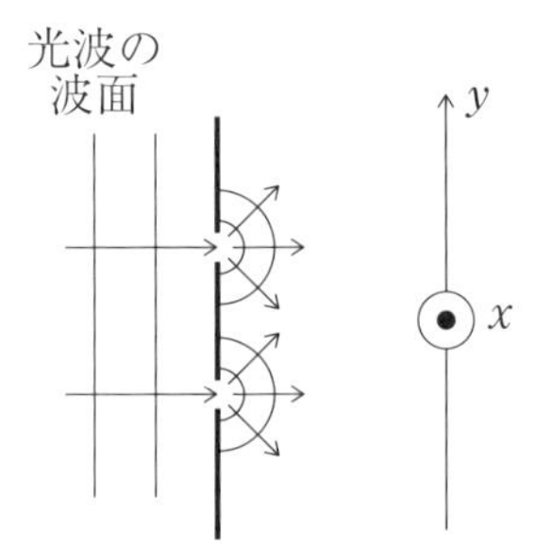

右図のように，x軸に平行な方向に溝を引いた回折格子に入射したレーザー光は，図のように，**y軸に平行な方向に回折**し，干渉するため，スクリーンのy軸上に明点が現れる。

また，右下図のように，隣り合うスリットを通過し，入射方向とのなす角θで回折した波長λの光が強め合う条件は，光路差が$d\sin\theta$であるから，整数mを用いて，$d\sin\theta=m\lambda$と表せる。

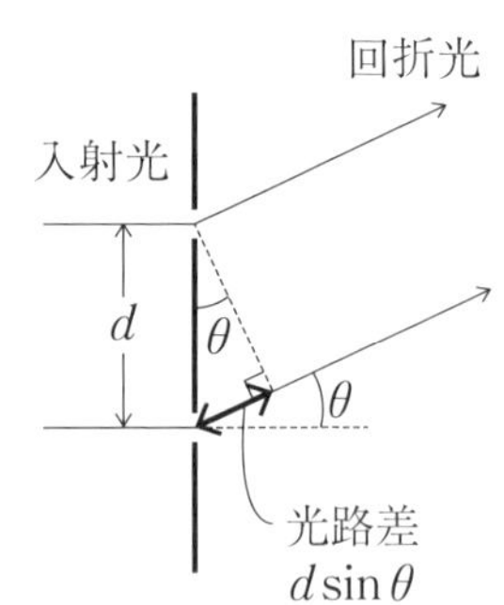

よって，$\sin\theta=\dfrac{\lambda}{d}\cdot m$となり，$m=1$の明点の位置は，**赤色の光よりも波長$\lambda$の短い青色の光のほうが$\theta$が小さく，原点Oに近い**ことがわかる。よって，スクリーンに現れる明点は①のようになる。

問5 【バルマー系列】 [6] [7] [8] [9]

正解：③，③，①，⑤ やや易

放射される光の振動数が最大ということは，$n_2=2$ の状態に移る際のエネルギーの落差が最大ということになる。**エネルギーの落差が最大となるのは，$n_1=\infty$ から $n_2=2$ に移る場合**であるから，問題文中の $\nu=K\left(\frac{1}{n_2^2}-\frac{1}{n_1^2}\right)$ に $n_1=\infty$，$n_2=2$，$\nu=8.3\times10^{14}$ を代入すると，

$$K=4\times8.3\times10^{14}=\underline{3.3\times10^{15}}$$

となる。

+α の知識

$c=\nu\lambda$ より $\nu=\frac{c}{\lambda}$ であるから，

$$\frac{c}{\lambda}=K\left(\frac{1}{n_2^2}-\frac{1}{n_1^2}\right)$$

$$\frac{1}{\lambda}=\frac{K}{c}\left(\frac{1}{n_2^2}-\frac{1}{n_1^2}\right)$$

この $\frac{K}{c}=R=1.1\times10^7$〔1/m〕をリュードベリ定数という。

第2問　熱力学に関する理解を問う問題

A　気体の分子運動論・断熱自由膨張　やや易

解法のポイント

問1　気体分子はなめらかな器壁と弾性衝突するので，角度θで衝突した分子は同じ角度θではね返ることに注目する。力積の大きさは**力積と運動量の関係を半径方向に用いて求める**。また，**平均の力の大きさ＝単位時間あたりに与える力積の大きさ**であることにも注意したい。

問2　問1［イ］にアボガドロ定数N_Aをかけると，容器内の1モルの気体が器壁に及ぼす平均の力の大きさを表せる。圧力は単位面積当たりの力である。温度は，理想気体の状態方程式$PV=nRT$を利用する。

問3　コックを開いても，**気体分子の速さは変わらない**ことに注目する。あるいは，真空中に気体が広がっていく場合，**気体が外部にする仕事は0**であり，かつ**断熱変化**であることに注目してもよい。

設問解説

問1　**【気体分子が器壁に及ぼす力】**　［10］［11］

正解：⑥，⑦　標準

［ア］

右図のように，角度θで衝突した分子は容器の中心方向に力積を受けて角度θではね返る。作用・反作用の法則より，器壁は，中心から遠ざかる向き，つまり**Bの向きに力積を受ける**。

［イ］

分子が器壁から受けた力積の大きさをIとする。半径方向について力積と運動量の関係より，

$$\underbrace{mv\cos\theta}_{\text{(前)}}\underbrace{-I}_{\text{(力積)}}=\underbrace{-mv\cos\theta}_{\text{(後)}}$$　（中心から遠ざかる向きを正とする）

$$\therefore\quad I=\underline{2mv\cos\theta}$$

ウ

右図より，器壁に衝突してから再び衝突するまでに進む距離は $\underline{\boldsymbol{2r\cos\theta}}$ となる。

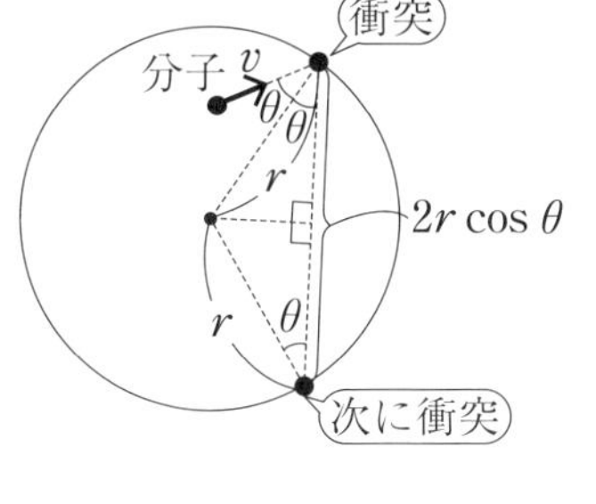

エ

分子が器壁に及ぼす平均の力の大きさは，単位時間あたりに与える力積と等しい。 1 回衝突するごとに $2mv\cos\theta$ の大きさの力積を与え，単位時間あたりに $\dfrac{v}{2r\cos\theta}$ 回衝突するので，求める力の大きさは，$2mv\cos\theta\cdot\dfrac{v}{2r\cos\theta}=\underline{\boldsymbol{\dfrac{mv^2}{r}}}$ となる。

問 2　【気体の圧力・温度】　12　正解：②　やや易

オ

問 1 より，容器中の 1 モルの気体分子全体が器壁に及ぼす力の大きさ F は，アボガドロ定数を N_A とすると，$F=\dfrac{N_A mv^2}{r}$ と表せる。圧力の大きさ P は，この F を容器内面の表面積 $4\pi r^2$ で割ることにより，$P=\dfrac{N_A mv^2}{4\pi r^3}$ と表せる。ここで，容器の体積 V は $V=\dfrac{4}{3}\pi r^3$ であるから，$4\pi r^3=3V$ を代入すると，$P=\dfrac{N_A m}{3}\cdot\dfrac{v^2}{V}$ となる。よって，$\underline{\boldsymbol{P=k_1\dfrac{v^2}{V}}}$ と表せる。

カ

オ より，$PV=\dfrac{N_A m}{3}v^2$ となる。ここで，理想気体の状態方程式 $PV=nRT$ と比較することにより，$n=1\,\text{mol}$ であるから，

$$\frac{N_A m}{3}v^2=1\cdot RT \qquad \therefore\ T=\frac{N_A m}{3R}v^2$$

よって，$\underline{\boldsymbol{T=k_2 v^2}}$ と表せる。

問 3　【断熱自由膨張】　13　正解：②　やや易

コックを開いても，気体分子の速さは変わらない。よって，**温度は<u>変わらない</u>**。ボイルの法則 $PV=$(一定) より，体積 V が増加するので，**圧力 P は<u>低くなる</u>**。

B 熱機関 標準

解法のポイント

問4 C→Aの変化は定圧変化であり，シャルルの法則 $\frac{V}{T}=$(一定)が成立することから温度-体積(T-V)グラフがどうなるかがわかる。B→Cの変化では，**P-Vグラフにおいてはグラフの右上ほど温度が高い**ことに注意する。

問5 熱効率は，1サイクルで気体がした正味の仕事を，気体が吸収した熱量(**放出した熱量は含めない**)で割ったものである。正味の仕事はP-Vグラフで囲まれた面積と等しいことは知っておきたい。

問6 自動車の移動した距離をxとおくと，駆動力がした仕事の大きさがどう表せるかを考える。さらに，その仕事の大きさが，ガソリンの燃焼によって得られた熱量の30%であることを利用する。

設問解説

問4 【温度-体積グラフ】 14 正解：④ 標準

C→Aは**定圧変化**なので，シャルルの法則 $\frac{V}{T}=k$(一定)が成立し，$T=\frac{1}{k}V$となるので，温度-体積グラフ(T-Vグラフ)は**原点を通る直線**の一部となる。このようになっているグラフは③④である。

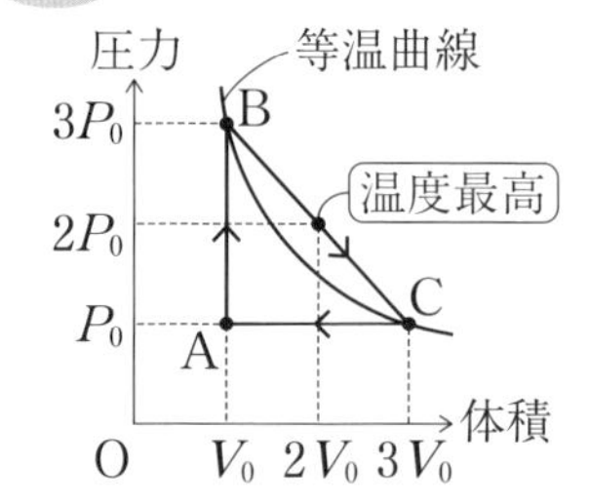

次にB→Cの変化について，BとCは(圧力)×(体積)が等しい→温度が等しいので，図のように**BとCは同一の等温曲線上**にある。

また，P-Vグラフではグラフの右上ほど温度が高いことに注目すると，**BとCの中点では等温曲線から右上の方向に最も遠く離れており，最も温度が高いといえる**。よって，グラフは④となる。

問5 【熱効率】 15 正解：② 標準

気体が1サイクルでする**正味の仕事Wは，P-Vグラフで囲まれた三角形の面積と等しい**。よって，$W=2P_0V_0$となる。また，A→Bで気体が吸収する熱量Q_{AB}は，

$$Q_{AB} = \frac{3}{2}nR\Delta T = \frac{3}{2}\Delta(PV) = \frac{3}{2}V\Delta P = \frac{3}{2}V_0(3P_0 - P_0)$$
$$= 3P_0V_0$$

となる。よって，1サイクルで気体が吸収する熱量は，$\boldsymbol{Q + 3P_0V_0}$ となる。

よって，熱効率は $\boldsymbol{\dfrac{2P_0V_0}{Q + 3P_0V_0}}$ となる。

問6 【ガソリン1Lで走行できる距離】 16 ～ 18

正解：⑥，⑥，③　やや易

ガソリン1Lの燃焼によって得られる熱量 3.3×10^7 J の30%が自動車を動かすための仕事の大きさとなる。一方，駆動力の大きさが 1.5×10^3 N で一定であるから，自動車が距離 x 移動したときの駆動力がした仕事は，$1.5 \times 10^3 \cdot x$ と表せる。以上より，

$$3.3 \times 10^7 \times \frac{30}{100} = 1.5 \times 10^3 \cdot x \qquad \therefore \quad x = \mathbf{6.6 \times 10^3\,m}$$

となり，これがガソリン1L当たり走行できる距離，いわゆる「燃費」である。

第3問 剛体のつり合い・落体の運動の理解をもとに，課題を解決する力を問う問題

A ドアストッパーとしてのスーパーボール(剛体のつり合い) 標準

解法のポイント

問1　力のモーメントのつり合いは，ボールの半径を r などとおき，ボールと床との接点のまわり，あるいはボールの中心のまわりで立式するとよい。

問2　ドアおよび床から受ける垂直抗力，摩擦力の大きさに注目し，垂直抗力と摩擦力の合力(抗力という)の向きを考える。

問3　ボールをドアストッパーとして利用できるためには，**ボールとドアおよび，ボールと床の間ですべらない**ことが必要となる。すべらないための条件は，(**静止摩擦力の大きさ**)≦(**最大摩擦力** $\boldsymbol{\mu N}$)である。

設問解説

問1　【力のつり合い，力のモーメントのつり合い】　19　正解：④　やや易

ボールに働く力は図のようになる。ボールの半径を r とし，ボールと床との接点を点P，ドアとの接点を点Qとする。

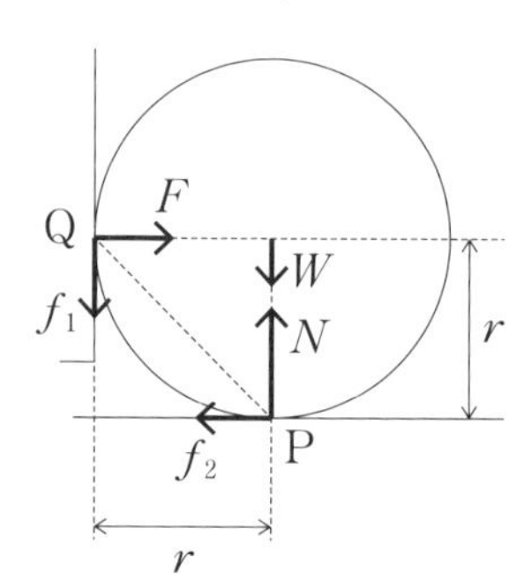

力のつり合いより，

水平方向：$F=f_2$　……①

鉛直方向：$N=W+f_1$　……②

点Pのまわりの力のモーメントのつり合いより，

$f_1\cdot r=F\cdot r$　……③

①，③より，

$F=\underline{f_1=f_2}$

問2 【ボールに働く力】 20 正解：⑤ 標準

ボールがドアから受ける力は，$F = f_1$ であるから，右図のように点Qから点Pの向きになる。

また，ボールが床から受ける垂直抗力の大きさ N は，

$$N = W + f_1,\ f_1 = f_2$$

より，

$$N = W + f_2$$

となり，$N > f_2$ であるから，右図のように**直線PQよりも上方に向く**。

問3 【すべらないための静止摩擦係数の条件】 21 正解：① 標準

ボールがドアとの間ですべらないための条件は，$f_1 \leqq \mu F$

問1より，$F = f_1$ であるから，$\mu \geqq 1$ ……Ⓐ

また，ボールが床との間ですべらないための条件は，$f_2 \leqq \mu N$

ここで，**問1**の式②より，$N = W + f_1$ を代入すると，$f_2 \leqq \mu(W + f_1)$

さらに，**問1**より，$f_1 = f_2 = F$ であるから，

$$F \leqq \mu(W + F)$$

$$\therefore \quad \mu \geqq \frac{F}{F + W} \quad \cdots\cdots Ⓑ$$

この $\dfrac{F}{F+W}$ は1より小さいので，Ⓐ，Ⓑの2つの条件を満たすためには，**μ は1以上**であればよい。

B ボールと水平な床面との衝突 標準

解法のポイント

問4 等加速度運動の公式 $\boldsymbol{v}^2 - \boldsymbol{v}_0{}^2 = 2\boldsymbol{ax}$ を利用する。

問5 図3から $\dfrac{h'}{h}$ の値を求め，この値を利用する。そこから**はね返り係数**を求めてもよい。

設問解説

問4 【はね返り係数】 22 正解：⑤ やや易

高さ h からボールを自由落下させたとき，床面に衝突する直前の速さ v は，等加速度運動の公式 $\boldsymbol{v}^2 - \boldsymbol{v}_0{}^2 = 2\boldsymbol{ax}$ より，$v^2 - 0^2 = 2gh \quad \therefore \quad v = \sqrt{2gh}$

床面に衝突した直後の速さが v' ではね返ったボールが達する最高点の

高さをh'とすると,

$$0^2 - v'^2 = 2(-g)h' \qquad \therefore \quad v' = \underline{\sqrt{2gh'}}$$

床に衝突する直前と直後のボールの速さの比$\dfrac{v'}{v}$は,

$$\frac{v'}{v} = \frac{\sqrt{2gh'}}{\sqrt{2gh}} = \underline{\sqrt{\frac{h'}{h}}}$$

この$\sqrt{\dfrac{h'}{h}}$はボールと床との間の**はね返り係数**を表している。

問 5 【はね上がった高さの最大値】 23 **正解**:⑤ 標準

床に衝突する直前の速さvは,

$$v^2 - 2^2 = 2 \cdot 9.8 \cdot 0.5 \qquad \therefore \quad v^2 = 13.8 \quad \cdots\cdots ①$$

床からはね返った直後の速さをv',最高点の高さをHとすると,

$$0^2 - v'^2 = 2 \cdot (-9.8) \cdot H \qquad \therefore \quad v'^2 = 19.6H \quad \cdots\cdots ②$$

②÷①より,

$$\left(\frac{v'}{v}\right)^2 = \frac{19.6H}{13.8} \quad \cdots\cdots ③$$

ここで,**問 4** より,$\dfrac{v'}{v} = \sqrt{\dfrac{h'}{h}}$

両辺を2乗すると,$\left(\dfrac{v'}{v}\right)^2 = \dfrac{h'}{h}$

一方,図3より,$\dfrac{h'}{h} = 0.8$であるから,$\left(\dfrac{v'}{v}\right)^2 = 0.8 \quad \cdots\cdots ④$

③,④より,

$$\frac{19.6H}{13.8} = 0.8$$

$$\therefore \quad H = \frac{13.8}{19.6} \times 0.8 = 0.563 \fallingdotseq 0.56\,\mathrm{m} = \underline{\mathbf{56\,cm}}$$

別解

図3より,ボールと床との間のはね返り係数は,$\sqrt{\dfrac{h'}{h}} = \sqrt{0.8}$であることから,

$$v' = \sqrt{0.8}\,v$$

これを②に代入すると,$0.8v^2 = 19.6H$

①の$v^2 = 13.8$を代入すると,$0.8 \times 13.8 = 19.6H \qquad \therefore \quad H \fallingdotseq 0.56\,\mathrm{m}$

第4問 電磁誘導等の理解をもとに，資料のデータを解釈し課題を解決する力を問う問題

手回し発電機を含む回路

解法のポイント

問1 磁場中を運動する**導体棒に生じる誘導起電力は vBl** と表せる。誘導起電力の向きは**レンツの法則**にしたがう。

問2 手回し発電機 G_1 と G_2 のそれぞれにかかる電圧を求め，図2を利用すれば電流を求めることができる。

問3 26 の抵抗は図2の，回転していないときのグラフの傾きに注目して，**オームの法則**から求めることができる。 27 は G_1 のハンドルの回転を手で止めると，G_1 に生じる誘導起電力が0になり，G_1 が 26 で求めた抵抗値の抵抗と見なせることに注意する。 28 は G_1 のハンドルを止める前後の電流を比べる。 29 は電流が 0.28 A を超えると回転し始めることに注目する。

設問解説

問1 【磁場中を運動する導体棒に生じる誘導起電力】 24

正解：⑥　やや易

ア

フレミングの左手の法則から，導体棒を流れる電流が磁場から受ける力の向きは右向きとわかる。よって，**右向き**に動き出す。

イ

磁束密度の大きさが B の磁場中を速さ v で垂直に横切る長さ l の導体棒に生じる誘導起電力の大きさ V は $V = vBl$ と表せるので，誘導起電力の大きさは vBd となる。誘導起電力の向きは，**レンツの法則**から，Q から P の向きになる。

ウ

回路に流れる電流を I とすると，
キルヒホッフの第2法則より，

$$E - V - RI = 0 \quad \therefore \quad I = \frac{E - V}{R}$$

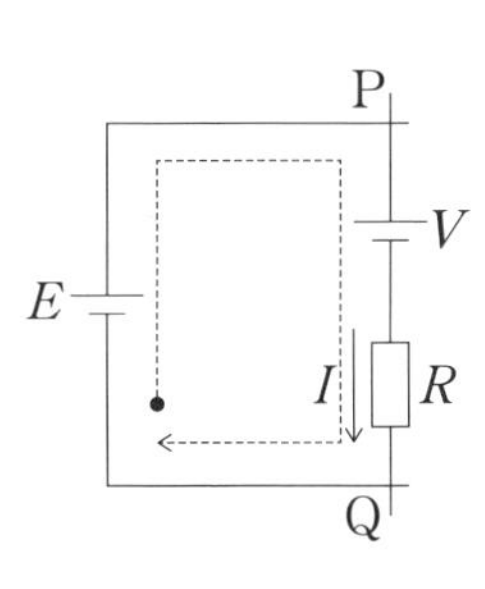

問 2 【手回し発電機に流れる電流】 25 正解：② 易

G_1，G_2 にかかる電圧はともに 1.5 V となるので，図 2 より，1.5 V における電流は **0.12 A** とわかる。

問 3 【ハンドルを止めたときの電流】 26 27 28 29

正解：③，③，②，① 難 思

26

図 2 において，回転していないときの電流と電圧の値 0.25 A と 1.0 V を用いると，抵抗値はオームの法則 $V = RI$ から，抵抗値は，

$R = \dfrac{V}{I} = \dfrac{1.0}{0.25} = $ **4.0 Ω** となる。

27

G_1 の回転を止めると，G_1 には逆向きの誘導起電力が生じないので， 26 で求めた抵抗値が 4.0 Ω の抵抗とみなせる。右図のように，G_2 にかかる電圧を V，流れる電流を I とおくと，キルヒホッフの第 2 法則より，$3 - 4I - V = 0$ となる。これをグラフ化し，図 2 のグラフとの交点を調べると，$I = 0.158 \fallingdotseq$ **0.16 A** となることがわかる。

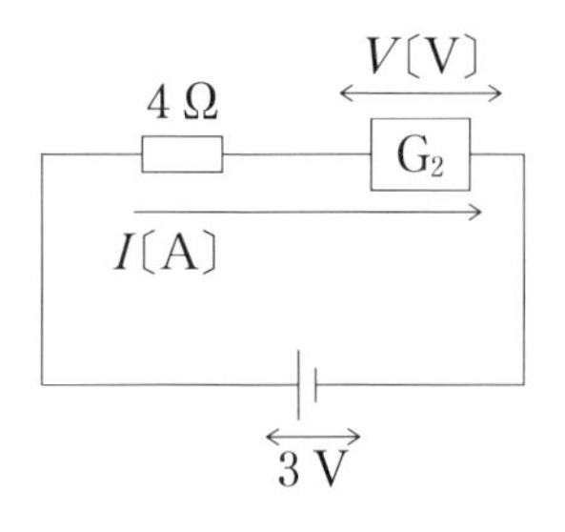

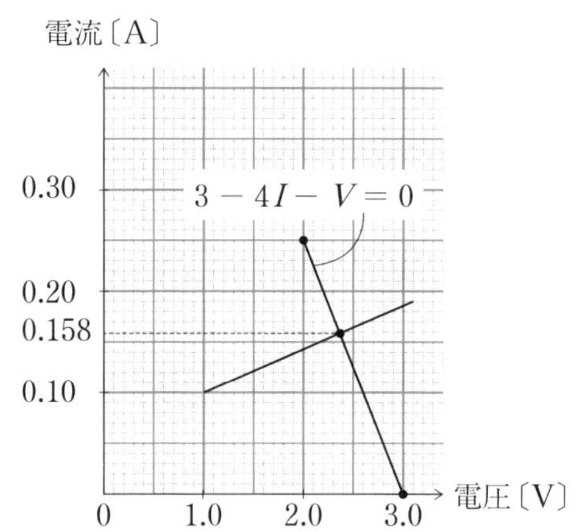

28

問2より，G_1のハンドルを止める前の電流は0.12 Aであったが，27より，止めた後の電流は0.16 Aとなるので，G_2に流れる電流は増加し，**速く回転する**。このことは，G_1のハンドルを止めることによってG_1による逆向きの誘導起電力が0となり，電流が増加することからも推測できる。

29

G_1に流れている電流は27より，0.16 Aであるが，これは回転し始める電流である0.28 Aに満たないため，G_1のハンドルは**止まったままになる**。

解答・解説編
予想問題・第3回

解　答

問題番号(配点)	設問		解答番号	正解	配点
第1問(25)	1		1	7	4
	2		2	2	4
	3		3	2	3
			4	4	3
	4		5	4	5
	5		6	1	3
			7	5	3
第2問(30)	A	1	8	1	5*
			9	4	
			10	4	
		2	11	8	5
		3	12	1	5
	B	4	13	2	5
		5	14	4	5
		6	15	4	5

問題番号(配点)	設問		解答番号	正解	配点
第3問(25)	A	1	16	1	4
		2	17	3	5
		3	18	2	5
	B	4	19	5	5
		5	20	4	3
			21	5	3
第4問(20)	1		22	4	2
			23	2	3
	2		24	4	3
			25	6	3
	3		26	2	3
			27	2	3
	4		28	1	3

(注)　＊は，全部を正しくマークしている場合のみ正解とする。

第1問 小問集合 標準

解法のポイント

問1 ボールが床に与える力積の大きさは，ボールが床から受ける力積の大きさ，つまり床に衝突する直前と，衝突した直後の**ボールの運動量変化の大きさに等しいことを利用する**。ボールの質量を m，床に衝突する直前の速さを v などと仮定するとよい。

問2 角周波数を ω とすると，自己インダクタンスが L のコイルのリアクタンス(交流の流れにくさ)は ωL，電気容量が C のコンデンサーのリアクタンスは $\dfrac{1}{\omega C}$ と表せることから，**周波数 $f\left(=\dfrac{\omega}{2\pi}\right)$ によってリアクタンスがどう変化するか**に注目する。L_1 に流れる電流は，L_2 と L_3 に流れる電流の和となるが，L_2 と L_3 に流れる電流の位相の差が π であり，互いに逆向きであることに注意する。

問3 [3] では**温度が一定**，[4] では**圧力が一定**であることに注目し，気体の法則を用いる。

問4 レンズの公式 $\dfrac{1}{a}+\dfrac{1}{b}=\dfrac{1}{f}$ を利用する。この式において，カメラの場合は焦点距離 f が一定だが，レンズとセンサーの距離 b は変化する。一方，ヒトの眼の場合，b は一定だが，焦点距離 f が変化する。物体とレンズ(眼の場合，水晶体)との距離が近くなるということは，**a が小さくなる**ことに対応する。そのときに**カメラであれば b がどう変化するか，ヒトの眼であれば f がどう変化するか**に注目すればよい。

問5 [6] は，α 崩壊では質量数が -4，原子番号が -2，β 崩壊では質量数は不変，原子番号が $+1$ となり，γ 崩壊では質量数・原子番号はともに不変であることに注目する。[7] は，α 線は正電荷，β 線は負電荷をもつ荷電粒子であり，磁場中に入射したときに**どの向きにローレンツ力を受けるか**に注目する。

設問解説

問1 【ボールが床に与える力積】 [1] 正解：⑦ 標準

作用・反作用の関係から，ボールが床に与えた力積の大きさと，ボールが床から受けた力積の大きさは等しい。

ボールA，Bの質量を m，床に衝突する直前の速さを v とする。Aが床に衝突した直後の速さは，はね返り係数が0.80なので，$0.80\,v$ と表せる。ボールAについて，鉛直上向きを正として，**力積と運動量の関係**より，

$$I_A = \underset{\text{衝突後の運動量}}{0.80\,mv} - \underset{\text{衝突前の運動量}}{(-mv)} = 1.8\,mv$$

ボールBについても同様に，

$$I_B = 0 - (-mv) = mv \qquad \therefore \quad \frac{I_A}{I_B} = \underline{\mathbf{1.8}}$$

問2 【交流回路】 2 **正解**：② 標準

コイルのリアクタンス(交流における電流の流れにくさ)は，交流の角周波数を ω，コイルの自己インダクタンスを L とすると，$\boldsymbol{\omega L}$ である。よって，交流の周波数 $f\left(=\dfrac{\omega}{2\pi}\right)$ が大きいほど，ω が大きく，リアクタンス ωL は大きくなり，コイルおよび，電球 L_2 を流れる電流が小さくなるため，L_2 は暗くなる。よって，L_2 のグラフは，アとなる。

コンデンサーのリアクタンスは，コンデンサーの電気容量を C とすると，$\boldsymbol{\dfrac{1}{\omega C}}$ である。交流の周波数が大きいほど，ω も大きく，リアクタンス $\dfrac{1}{\omega C}$ は小さくなり，コンデンサーおよび，電球 L_3 を流れる電流が大きくなるため，L_3 は明るくなる。よって，L_3 のグラフはイとなる。

コイルを流れる電流は，電圧に対して位相が $\dfrac{\pi}{2}$ だけ遅れるのに対し，コンデンサーを流れる電流は $\dfrac{\pi}{2}$ だけ進むので，**電流の位相差は $\boldsymbol{\pi}$** となる。すなわち，**コイルとコンデンサーを流れる電流は互いに逆向きとなる**。よって，右図のように，コイルとコンデンサーの電流の大きさが等しくなるとき，**抵抗および $\boldsymbol{L_1}$ に流れる電流は0になる**。よって，L_1 のグラフはエとなる。

研　究

自己インダクタンスが L のコイル，電気容量が C のコンデンサー，抵抗値 R の抵抗と角周波数が ω の交流電源からなる，次ページの図のような回路を考える。

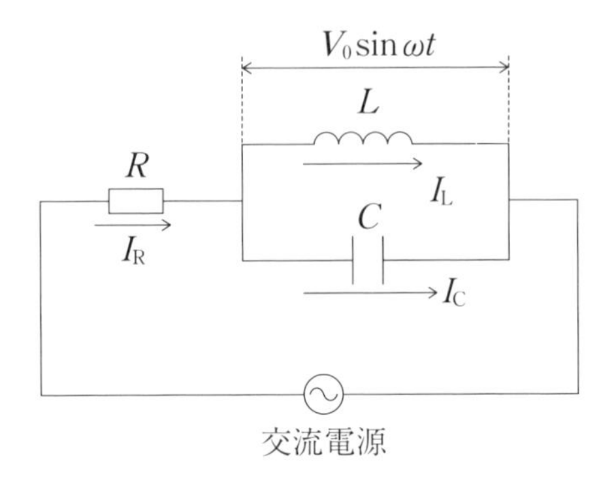

コイル，コンデンサーにかかる電圧を $V_0 \sin\omega t$ とすると，コイルに流れる電流 I_L は，

$$I_L = -\frac{V_0}{\omega L}\cos\omega t$$

コンデンサーに流れる電流 I_C は，

$$I_C = \omega C V_0 \cos\omega t$$

と表され，I_L と I_C は互いに逆向きに流れることがわかる。

抵抗に流れる電流 I_R は，

$$I_R = I_L + I_C = \left(\omega C - \frac{1}{\omega L}\right) V_0 \cos\omega t$$

となる。ここで，

$$\omega C - \frac{1}{\omega L} = 0 \quad \text{のとき，} I_R = 0,\ I_L = I_C$$

となる。このときの周波数(**共振周波数**という)を求めてみよう。

$\omega C - \dfrac{1}{\omega L} = 0$ より，

$$\omega = \frac{1}{\sqrt{LC}}$$

周波数を f とすると，$\omega = 2\pi f$ であるから，共振周波数は，

$$f = \frac{1}{2\pi\sqrt{LC}}$$

となる。交流電源の周波数が $f = \dfrac{1}{2\pi\sqrt{LC}}$ のとき，コイルとコンデンサーの部分で電気振動が生じ，抵抗には電流が流れなくなる。

問 3 【ボイルの法則・シャルルの法則】 [3] [4]

正 解 ：②，④　やや易

[3]

大気圧を p_0，求める圧力を p とすると，温度が一定なので，**ボイルの法則**より，

$$p_0 \times 18 = p \times 16 \qquad \therefore \quad \frac{p}{p_0} = \frac{9}{8} = 1.125 \fallingdotseq \underline{\mathbf{1.1}}$$

[4]

ガラス管を鉛直に立てた状態のままであるから，力のつり合いを考えれば，管内の空気の圧力は図 2(b)の場合と等しい。求める温度を T とおくと，**シャルルの法則**より，

$$\frac{16}{280} = \frac{20}{T} \qquad \therefore \quad T = \underline{\mathbf{350\,K}}$$

問 4 【カメラとヒトの眼のピント調節】 [5] **正 解** ：④　やや易

[ア]

公式 $\dfrac{1}{a} + \dfrac{1}{b} = \dfrac{1}{f}$ において，物体がレンズに近くなるので，a が小さくなる。焦点距離 f は一定なので，$\dfrac{1}{a} + \dfrac{1}{b}$ も一定でなければならない。よって，センサーの位置に実像ができるためには，a が小さくなったので，b を大きくしなければならない。よって，**レンズをセンサーから遠ざける向きに移動させればよい**。

[イ]

公式 $\dfrac{1}{a} + \dfrac{1}{b} = \dfrac{1}{f}$ において，ヒトの眼の場合，b が一定で f が変化する。a が小さくなったときに，網膜の位置に実像ができるためには，**焦点距離 f を小さくすればよい**。

焦点距離 f を小さくするためには，筋肉を使って下図のように水晶体を変形させる。近くのものを見ると眼が疲れるのはこのためである。

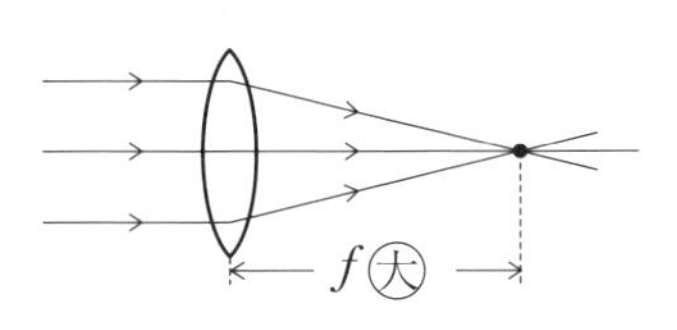

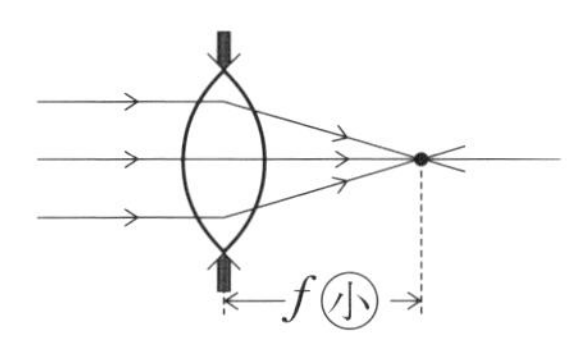

問5 【放射性崩壊・磁場中の放射線の飛跡】 6 7

正解：①，⑤ やや易

6

α 崩壊では質量数が -4，原子番号が -2，β 崩壊では質量数は不変，原子番号が $+1$ となり，γ 崩壊では質量数・原子番号はともに不変である。質量数が変化するのは α 崩壊のみであり，質量数の減少は4の整数倍となる。初めの ${}^{238}_{92}\mathrm{U}$ から質量数が4の整数倍減少しているのは**①の** ${}^{206}_{82}\mathrm{Pb}$ のみである。${}^{238}_{92}\mathrm{U}$ から ${}^{206}_{82}\mathrm{Pb}$ になるまでに，α 崩壊が8回，β 崩壊が6回起こったことになる。

7

荷電粒子が磁場中に入射すると，ローレンツ力を受けて等速円運動する。

α 線は高速のヘリウム原子核であり，正の電荷をもつ。磁場中に入った直後は右向きにローレンツ力を受けるので，**飛跡はC**となる。β 線は高速の電子であり，負の電荷をもつ。磁場中に入った直後は左向きにローレンツ力を受けるので，**飛跡はA**となる。γ 線は荷電粒子ではなく電磁波なのでローレンツ力は働かず，そのまま直進するので，**飛跡はB**となる。

第2問　主に電磁誘導についての理解を問う問題

A　コイルを含む直流回路・ダイオード　標準

解法のポイント

問 1　コイルのエネルギーは公式$U=\dfrac{1}{2}LI^2$から求める。**十分に時間が経過後はコイルの電圧は0**になることにも注意しよう。

問 2　スイッチを開いた直後，コイルは元々流れていた電流を維持しようとする向きに誘導起電力を生じる。

問 3　消費電力は公式$P=VI$から求める。スイッチを開いた直後のダイオードに流れる電流がわかれば，電圧は図3から求めることができる。

設問解説

問 1　【コイルに蓄えられたエネルギー】　8　9　10

正解：①，④，④　標準

スイッチを閉じてから十分に時間が経過後，右図のように，回路に流れる電流Iは一定となり，コイルの電圧は0となる。このときの電流Iは，キルヒホッフの第2法則より，

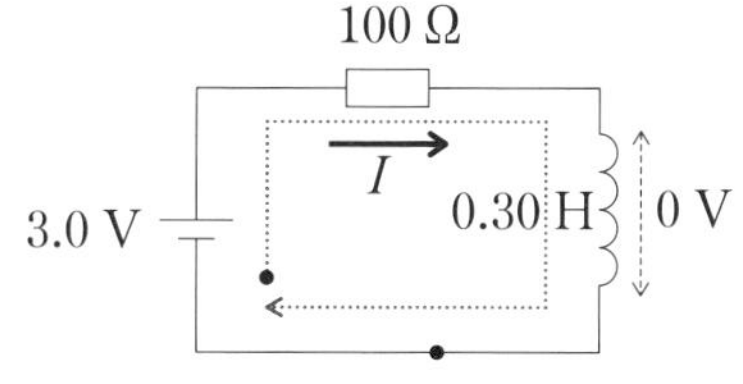

$$3-100\cdot I=0 \qquad \therefore \quad I=0.030\ \mathrm{A}$$

コイルのエネルギーUは$U=\dfrac{1}{2}LI^2$であるから，

$$U=\frac{1}{2}\times 0.3\times(0.03)^2=1.35\times 10^{-4}\fallingdotseq \underline{\mathbf{1.4\times 10^{-4}\ J}}$$

となる。

問 2　【コイルの自己誘導によるLEDの発光】　11　正解：⑧　やや易

ア

問1と同様に，十分に時間が経過後，**コイルの電圧は0となる**。コイルに並列に接続された**発光ダイオードの電圧も0**になるので，**A，Bともに点灯しない**。

イ

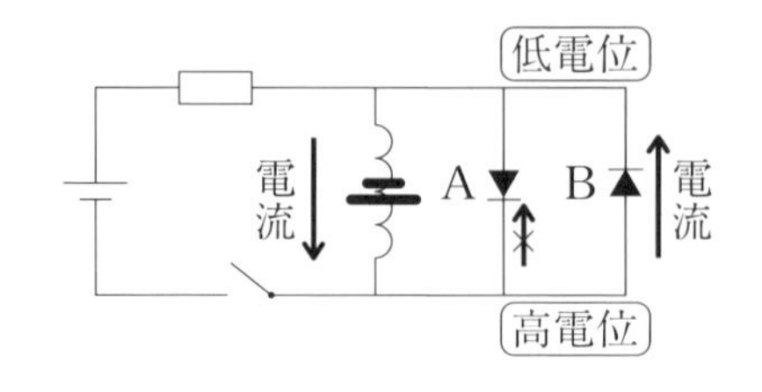

スイッチを開いた直後，右図のように，コイルはそれまで下向きに流れていた電流を維持しようとする向き，つまり下向きに誘導起電力を生じる。そのため，それぞれのダイオードの上より下の電位のほうが高くなるため，**ダイオードBのみ順方向に電圧がかかることになり，電流が流れて点灯する**。

問3 【スイッチを開いた直後のLEDの消費電力】 12

正解：① 標準

スイッチを閉じて十分に時間が経過後，コイルに流れる電流Iは**問1**と同様に$I = 0.030$ Aである。スイッチを開いた直後は，コイルに流れる電流はこの0.030 Aを保つので，ダイオードBに流れる電流も0.030 Aとなる。図3より，0.030 Aのときの電圧は0.36 Vであるから，このときの消費電力Pは公式$\boldsymbol{P = VI}$より，

$$P = 0.36 \times 0.03 = 1.08 \times 10^{-2} \fallingdotseq \mathbf{1.1 \times 10^{-2}\ W}$$

となる。

B 電磁誘導と単振動 やや易

解法のポイント

問4 コイルに生じる誘導起電力は，コイルを貫く磁束が増えたら減らそうとする向き，減ったら増やそうとする向きに生じる(レンツの法則)。誘導起電力の大きさは，$\boldsymbol{V = N\left|\dfrac{\Delta\phi}{\Delta t}\right|}$(ファラデーの電磁誘導の法則)から求めることができる。**磁石がコイルに近づいたり，遠ざかったりする速さが$\left|\dfrac{\Delta\phi}{\Delta t}\right|$に対応している**と考えるとよい。

問5 単振動の周期は$\boldsymbol{T = 2\pi\sqrt{\dfrac{m}{k}}}$，単振動の速さの最大値は$\boldsymbol{v_{\mathrm{MAX}} = A\omega = A\sqrt{\dfrac{k}{m}}}$と表せることに注目する。

問6 端子a，bが接続されていなければ，コイルに誘導起電力が生じても電流が流れることはなく，コイルの電流によって磁場がつくられることもない。一方，端子a，bが抵抗を介して接続されていれば，コイル

に電流が流れることになる。**このコイルの電流によって生じる磁場が，台車上の磁石にどのように影響を及ぼすか**に注目すればよい。あるいは，**台車とばねの系の力学的エネルギーが何のエネルギーに変化するか**に注目してもよい。

設問解説

問 4　【コイルに生じる誘導起電力】 13 **正解**：② 標準

磁石がコイルに近づくと，コイルを右向きに貫く磁束が増加するので，下図のように，コイルは左向きに磁場を生じさせる向きに誘導起電力を生じる。このとき，端子 a → b の向きに電流を流そうとする向きに誘導起電力を生じるので，a より b の電位が高くなり，**電圧は負**となる。また，台車を放してから $\frac{1}{4}$ 周期後に台車および磁石の右向きの速さが最大になり，コイルを貫く磁束の変化率 $\frac{\Delta\phi}{\Delta t}$ も最大になるため，公式 $V = N\left|\frac{\Delta\phi}{\Delta t}\right|$ より，コイルの電圧の大きさも最大となる。以上より，正解のグラフは②となる。

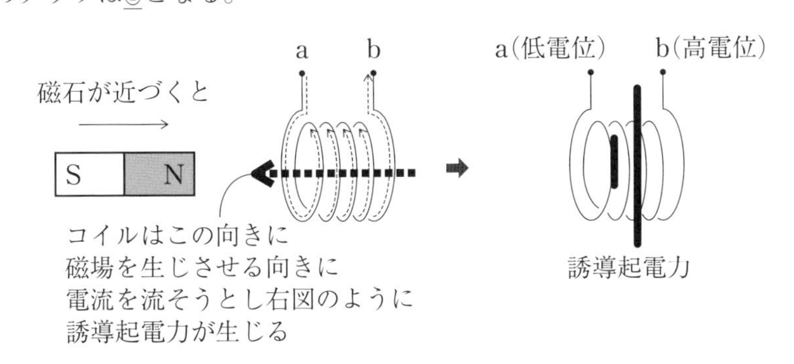

問 5　【コイルの電圧の周期と最大値】 14 **正解**：④ やや易

ウ

コイルの電圧の変動の周期は，台車と磁石の単振動の周期と等しい。単振動の周期 T は $T = 2\pi\sqrt{\frac{m}{k}}$ と表せるので，ばね定数 k を大きくすると，**周期は短くなる**。

エ

　コイルの速さが大きいほど，コイルに生じる誘導起電力，すなわち電圧も大きくなる。単振動での速さの最大値 v_{MAX} は $v_{\mathrm{MAX}} = A\omega = A\sqrt{\frac{k}{m}}$ と表せるので，ばね定数 k を大きくすると v_{MAX} も大きくなり，**電圧の最大値も大きくなる**。

問6 【抵抗を接続したコイル】 15 **正解**：④ やや易

　コイルの端子 a，b に抵抗を接続した場合，コイルに生じた誘導起電力によって電流が流れる。右図のように，この電流によって生じた磁場によって，台車上の磁石は常に減速する向きに力を受ける。よって，振幅が徐々に小さくなっていき，**やがて静止する**。

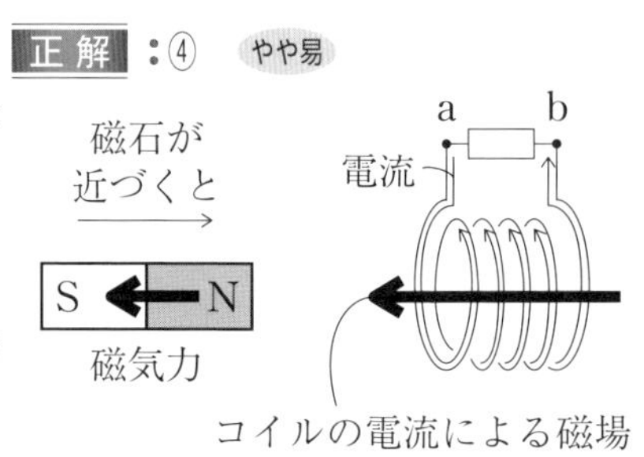

　この現象をエネルギーの観点から見れば，単振動のエネルギーが抵抗でのジュール熱として失われていき，やがて静止すると考えることもできる。

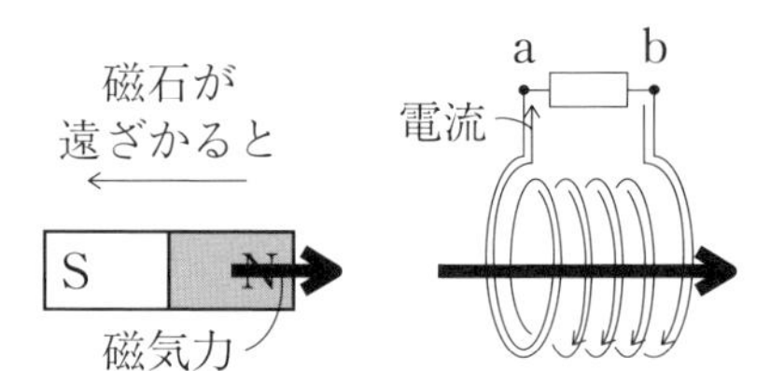

第3問 気柱の共鳴・ドップラー効果の理解をもとに，グラフ等を活用する力を問う問題

A 気柱の共鳴 やや易

解法のポイント

問1 図3より，**この筒(開管)内の気柱の基本振動数が 317 Hz** であることに注目し，生じている定常波の波形をかくとよい。

問2 ラジオの雑音はあらゆる振動数の音を含んでいるが，管を通すと，気柱の固有振動数の音の強度が大きくなる。その中の最も低い振動数である**基本振動数**に注目する。

問3 閉管における気柱の基本振動数は，同じ長さの開管における気柱の基本振動数の $\frac{1}{2}$ 倍になることと，**閉管の場合，気柱は奇数倍振動のみ生じる**ことに注目する。

設問解説

問1 【開管内の音波の定常波】 16 **正解**：① やや易

図3より，**317 Hz はこの筒(開管)内における気柱の基本振動数**である。この音波が筒内に入ると，開口で自由端反射した音波と重なり合い，右図のように**両端が腹，中央が節となる音波の定常波**ができる。右上図はこの定常波を横波のように表しているが，音波は**縦波**なので，右下図のように縦波の定常波となる。筒の両端は腹となり，**空気の振動が最も激しくなる**。また，筒の中央は節となり，最も密(➡圧力㊒)になったり，最も疎(➡圧力㊦)になったりする。つまり，**圧力の変動が最も大きくなる**。

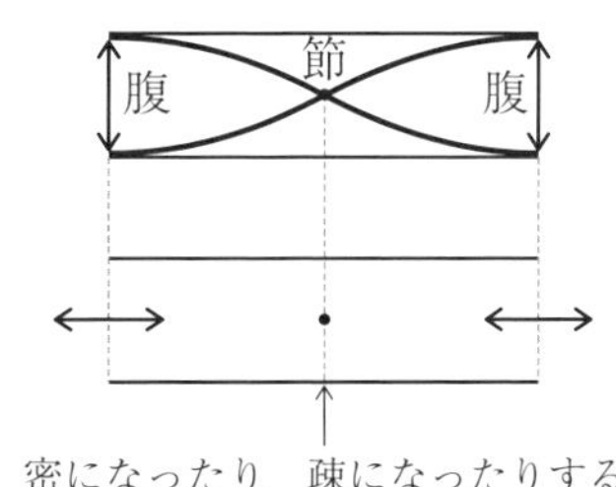

問2 【開管の長さ】 17 **正解**：③ やや易

右図のような基本振動を考える。開口端補正を無視すると，筒の長さを l，波長を λ として，

$$l=\frac{1}{2}\lambda \quad \cdots\cdots(*)$$

一方，基本振動数は 317 Hz であるから，$v=f\lambda$ より，

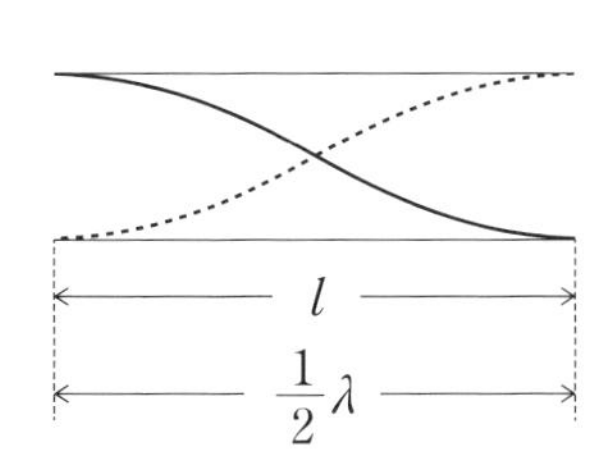

$$340 = 317\lambda \qquad \therefore \quad \lambda = \frac{340}{317}\,\text{〔m〕}$$

これを(＊)に代入すると，

$$l = \frac{1}{2}\cdot\frac{340}{317} = 0.536 \fallingdotseq \underline{\mathbf{54\ cm}}$$

問 3 【閉管における気柱の固有振動数】 18 正解：② やや易

閉管の場合，開口端補正を無視すれば，気柱の基本振動数は同じ長さの開管の場合の $\frac{1}{2}$ 倍(➡注)であり，$\frac{317}{2} \fallingdotseq 160$ Hz となる。また，**閉管の場合，気柱は奇数倍振動のみ生じる**ので，固有振動数すなわち強度が大きくなる振動数は，基本振動数の 160 Hz の奇数倍である **160 Hz，480 Hz，800 Hz** となると考えられる。

注) 管の長さを l，波長を λ とし，開口端補正を無視すると，

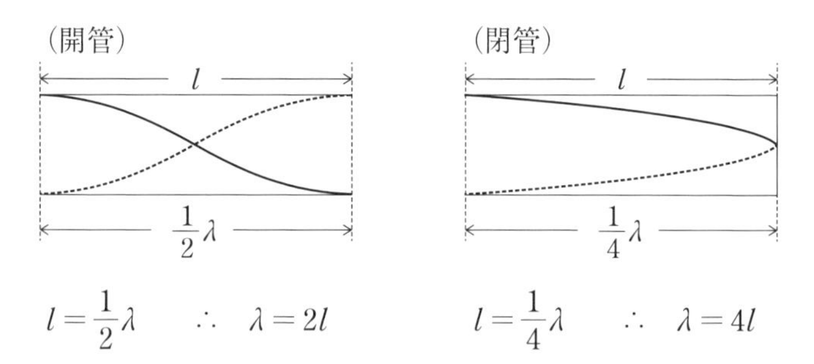

$$l = \frac{1}{2}\lambda \qquad \therefore \quad \lambda = 2l \qquad\qquad l = \frac{1}{4}\lambda \qquad \therefore \quad \lambda = 4l$$

となり，閉管の場合の波長は，開管の場合の 2 倍である。$v = f\lambda$ を考えれば，v は音速で一定であり，閉管では波長が 2 倍であるから，振動数は $\frac{1}{2}$ 倍となる。

B 音源が等速円運動する場合のドップラー効果 標準

解法のポイント

問 4 音源の，マイクに向かう向きの速度成分が最大であるとき，マイクで観測される音の振動数が最大となる。また，マイクから遠ざかる向きの速度成分が最大であるとき，マイクで観測される振動数は最小となる。

問 5 音源の速さを v，音源の発する音の振動数を f_0 とし，これと音速 340 m/s を用いてマイクで観測される最大振動数と最小振動数をそれぞれ表してみる。そこから f_0 を消去することで音源の速さ v が得られ

る。また，図4から周期がわかるので，周期の公式 $T=\dfrac{2\pi r}{v}$ から半径を求めることができる。

設問解説

問4 【ドップラー効果】 19 **正解**：⑤ やや易

Aの振動数は，マイクで観測される振動数の最大値であるが，「振動数が最大」となるのは，音源がマイクに向かう向きの速度が最大のときである。

円運動している物体の速度は接線方向であるから，右図のようにマイクから円に向かって引いた接線を考えれば，音源が「カ」の位置で発した音が最大の振動数，すなわちAの振動数として観測されることがわかる。

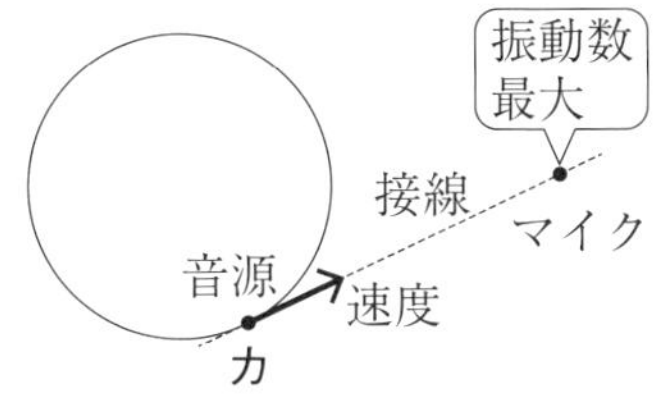

Bの振動数は，振動数の最小値で，音源がマイクから遠ざかる向きの速度が最大のときである。

同様に接線を引くことにより，「イ」とわかる。

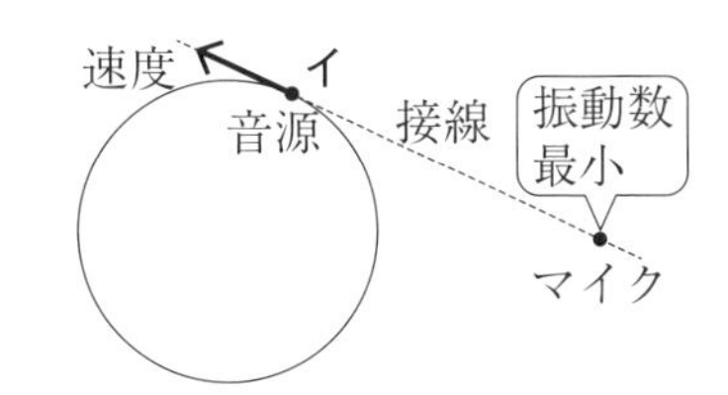

問5 【円運動する音源の速さと半径】 20 21 **正解**：④，⑤

標準

音源の速さを v，音速を V，音源の発する音の振動数を f_0 とすると，最大振動数 f_A，および最小振動数 f_B はそれぞれ，$f_A=\dfrac{V}{V-v}f_0$，$f_B=\dfrac{V}{V+v}f_0$ となる。

2式をわって f_0 を消去すると，$\dfrac{f_A}{f_B}=\dfrac{V+v}{V-v}$ となり，これを v について解くと，$v=\dfrac{f_A-f_B}{f_A+f_B}V$ となり，$f_A=7.5\times10^2$，$f_B=6.3\times10^2$，$V=340$ を代入すると，$v=29.6\fallingdotseq$ **30 m/s** となる。

また，図5より，円運動の周期は0.32 sと読み取れるので，$T=\dfrac{2\pi r}{v}$ より，円軌道の半径rは$r=\dfrac{vT}{2\pi}$となり，$v=29.6$，$T=0.32$，$\pi=3.14$ を代入すると，$r=1.51\fallingdotseq$ **1.5 m** となる。

第4問 等速円運動についての理解と，実験結果を分析し考察する力を問う問題

等速円運動

解法のポイント

問1　向心加速度は $\boldsymbol{a=r\omega^2=\frac{v^2}{r}}$ と表せる。ゴム栓の円運動の**向心力は糸の張力**であることに注目する。

問2　縦軸と横軸に設定した2つの量が比例の関係にあることは，**グラフが直線**になることで確かめることができる。

問3　ガラス管の上端とゴム栓の中心までの水平距離および，糸の張力の水平成分に注目する。

問4　円錐振り子として考えた場合の向心力，円運動半径を用いて運動方程式を立てることにより，円錐振り子となる場合の周期を求める。

設問解説

問1　【向心加速度・向心力】　22　23　**正解**：④，②　やや易

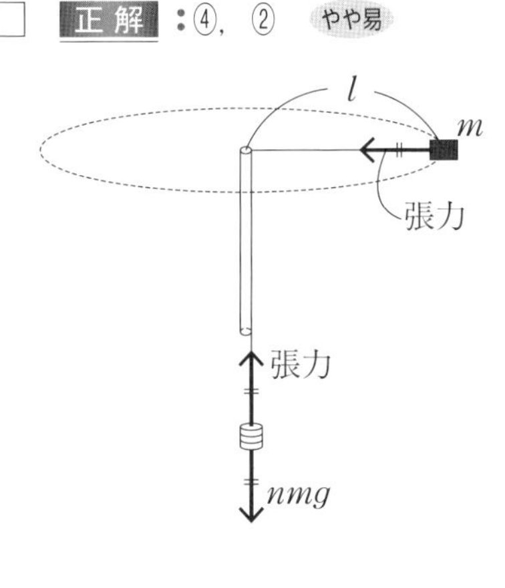

円運動の向心加速度の大きさ a は，角速度 ω を用いて $\boldsymbol{a=r\omega^2}$ と表せる。ここで，$r=l$，$\omega=\frac{2\pi}{T}$ であるから，

$a=\underline{\boldsymbol{\frac{4\pi^2 l}{T^2}}}$ となる。

また，ゴム栓に働く**向心力は糸の張力**である。ワッシャーは静止しているので，張力とワッシャーの重力 nmg がつり合う。よって，向心力の大きさは，$\underline{\boldsymbol{nmg}}$ となる。

問2　【グラフによる比例・反比例の関係の検証】　24　25

正解：④，⑥　標準　思

$T=2\pi\sqrt{\frac{l}{ng}}$ の両辺を2乗すると，$T^2=\frac{4\pi^2}{g}\cdot\frac{l}{n}$ となり，$\boldsymbol{T^2}$ **と** $\boldsymbol{l}$，**および** $\boldsymbol{T^2}$ **と** $\boldsymbol{\frac{1}{n}}$ **が比例する**。

この関係を確認するためには**縦軸にT^2，横軸にl**をとって，表1の実験結果をグラフ化し，直線になればT^2とlが比例関係にあることが確認できる。

表2についても同様に，**縦軸にT^2，横軸にワッシャーの個数の逆数$\frac{1}{n}$**をとって，実験結果をグラフ化し，**直線**になれば，T^2と$\frac{1}{n}$が比例関係にあることが確認できる。

問3　**【円錐振り子の向心力・円運動の半径】**　26　27　正解：②，②

やや易

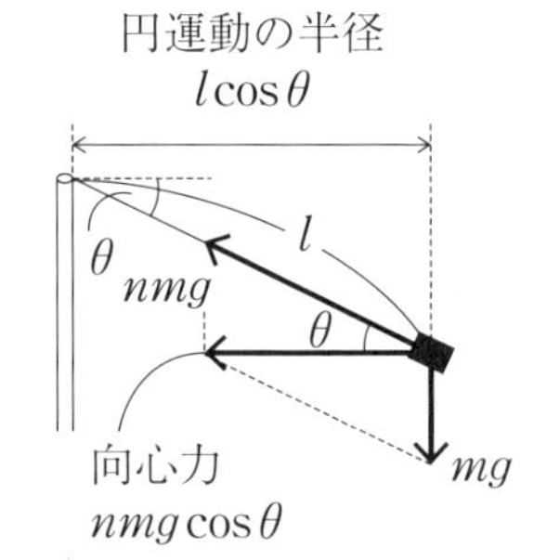

右図のように，真の向心力の大きさは，$nmg\cos\theta$となり，真の円運動の半径は，$l\cos\theta$となる。よって，$\theta=0$での円運動とみなしたときと比べて，ともに**$\cos\theta$倍**になっている。

問4　**【円錐振り子の周期】**　28　正解：①　標準　思

問3の真の向心力の大きさ$nmg\cos\theta$，真の円運動の半径$l\cos\theta$を用いると，円運動の中心方向の運動方程式は，周期をT_0として，

$$ml\cos\theta\left(\frac{2\pi}{T_0}\right)^2=nmg\cos\theta$$

となり，両辺の$\cos\theta$が打ち消し合うので，**問1**と同じ運動方程式となる。

よって，$T_0=2\pi\sqrt{\frac{l}{ng}}$となり，$T_0=T$であることがわかる。よって，重力を考慮し，円錐振り子となる場合でも，周期は$T=2\pi\sqrt{\frac{l}{ng}}$となり，糸が水平になった状態で円運動すると見なした場合との**ずれはない**ことがわかる。

木村　純（きむら　じゅん）
　栃木県出身。立命館大学理工学部物理科学科卒業後，東京学芸大学大学院教育学研究科理科教育専攻修士課程修了。
　大学院在学中に高校の物理の非常勤講師になり，授業の楽しさに目覚める。高校の非常勤講師，小学生対象の理科実験教室の講師を経て，2009年から河合塾講師となる。基礎クラスから東大，医学部受験のクラスまで幅広く担当し，映像授業も行う一方，テキストや模試にも作成メンバーとして関わっている。授業では，真似のしやすい平易な解き方を常に心がけており，演示実験やコンピューターシミュレーションを行うことで，物理現象の理解が深まるよう努めている。
　物理以外の趣味はバイクツーリング。２年に一度，北海道を10日間バイクで回っている。２児の父。

改訂版（かいていばん）　大学入学共通テスト（だいがくにゅうがくきょうつう）
物理予想問題集（ぶつりよそうもんだいしゅう）

2021年９月17日　初版発行

著者／木村 純（きむら じゅん）

発行者／青柳 昌行

発行／株式会社KADOKAWA
〒102-8177　東京都千代田区富士見2-13-3
電話　0570-002-301（ナビダイヤル）

印刷所／株式会社加藤文明社印刷所

ISBN 978-4-04-605194-3　C7042

2021年1月実施

共通テスト・第1日程

100点満点／60分

物　　理

（解答番号 1 ～ 28 ）

第1問　次の問い(問1～5)に答えよ。(配点　25)

問1　図1のように，台車の上面に水と少量の空気を入れて密閉した透明な水そうが固定されており，その上におもりが糸でつり下げられている。台車を一定の力で右向きに押し続けたところ，おもりと水そう内の水面の傾きは一定となった。このときおもりと水面の傾きを表す図として最も適当なものを，下の①～④のうちから一つ選べ。ただし，空気の抵抗は無視できるものとする。

1

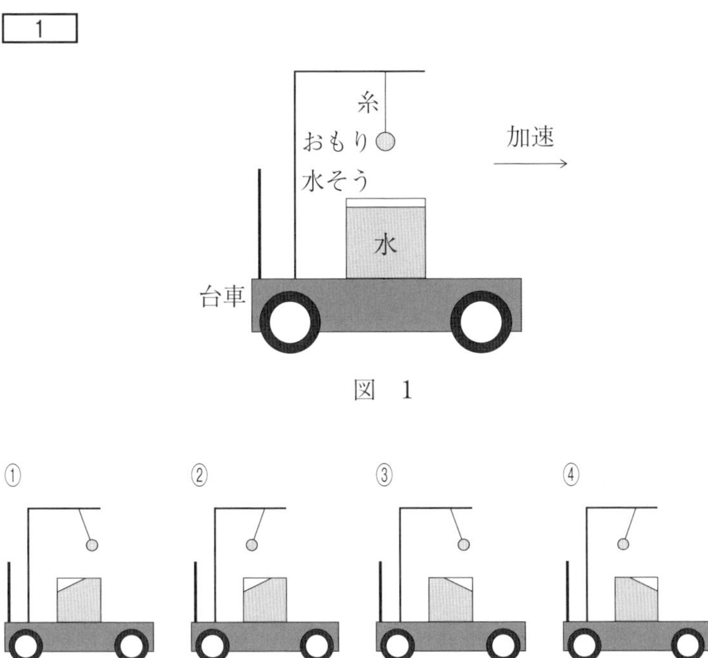

図　1

問2　次の文章中の空欄 2 に入れる数値として最も適当なものを，下の①～⑥のうちから一つ選べ。

なめらかに回転する定滑車と動滑車を組合せた装置を用いて，質量 50 kg の荷物を，質量 10 kg の板にのせて床から持ち上げたい。質量 60 kg の人が，図 2 のように板に乗って鉛直下向きにロープを引いた。ロープを引く力を徐々に強めていったところ，引く力が 2 N より大きくなると，初めて荷物，板および自分自身を一緒に持ち上げることができた。ただし，動滑車をつるしているロープは常に鉛直であり，板は水平を保っていた。滑車およびロープの質量は無視できるものとする。また，重力加速度の大きさを $9.8\ \mathrm{m/s^2}$ とする。

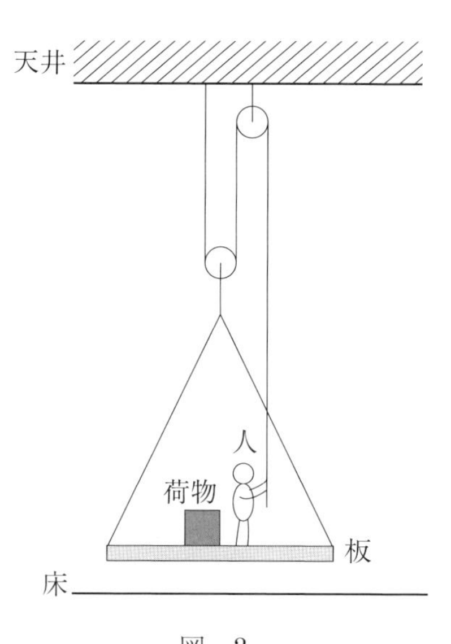

図　2

① 2.0×10^1　② 4.0×10^1　③ 6.0×10^1
④ 2.0×10^2　⑤ 3.9×10^2　⑥ 5.9×10^2

問3　図3のように互いに平行な極板が，L，$2L$，$3L$ の3通りの間隔で置かれており，左端の極板の電位は0で，極板の電位は順に一定値 $V\,(>0)$ ずつ高くなっている。隣り合う極板間の中央の点A～Fのいずれかに点電荷を1つ置くとき，点電荷にはたらく静電気力の大きさが最も大きくなる点または点の組合せとして最も適当なものを，下の①～⑨のうちから一つ選べ。ただし，点電荷が作る電場(電界)は考えなくてよい。
[3]

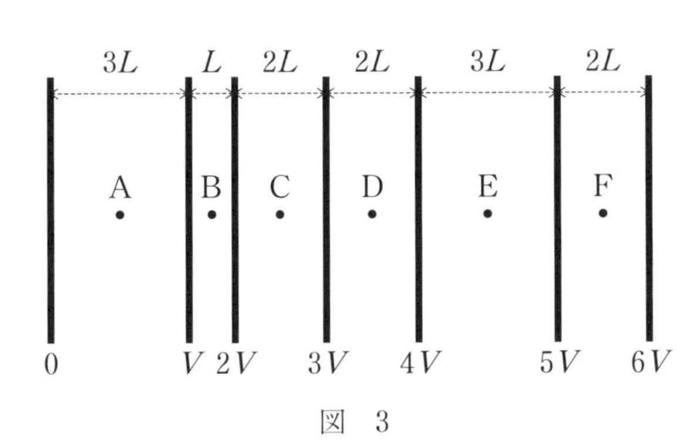

図　3

① A	② B	③ C
④ D	⑤ E	⑥ F
⑦ CとDとF	⑧ AとE	⑨ すべて

問4　次の文章中の空欄 ア ～ ウ に当てはまる語句の組合せとして最も適当なものを，下の①～⑥のうちから一つ選べ。 4

図4のように，Aさんが静かな室内で壁を背にして，壁とBさんの間を振動数fの十分大きな音を発するおんさを鳴らしながら，静止しているBさんに向かって一定の速さで歩いてくる。このとき，Bさんは1秒間にn回のうなりを聞いた。これはBさんが，直接Bさんに向かってくる，振動数がfより ア 音波と，壁で反射してBさんに向かってくる，振動数がfより イ 音波の重ね合わせを聞いた結果である。Aさんがさらに速く歩いたとき，Bさんが聞く1秒あたりのうなりの回数は ウ 。ただし，Aさんの移動方向は壁と垂直であり，Aさんの背後の壁以外の壁，天井，床で反射した音は，無視できるものとする。

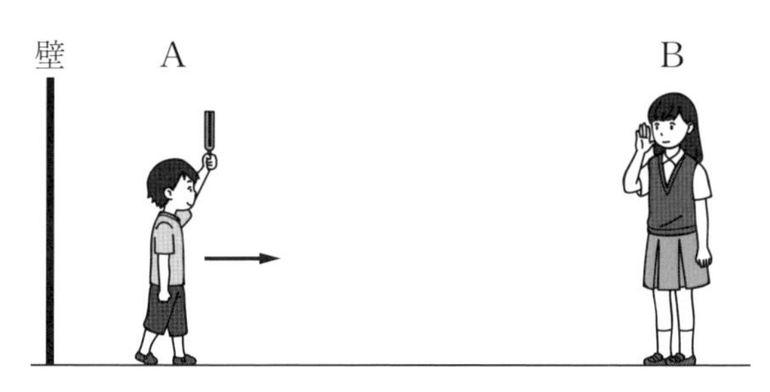

図 4

	ア	イ	ウ
①	大きい	小さい	多くなる
②	大きい	小さい	変化しない
③	大きい	小さい	少なくなる
④	小さい	大きい	多くなる
⑤	小さい	大きい	変化しない
⑥	小さい	大きい	少なくなる

問5 次の文章中の空欄 エ ～ カ に入れる語と式の組合せとして最も適当なものを，次ページの①～④のうちから一つ選べ。 5

なめらかに動くピストンのついた円筒容器中に理想気体が閉じ込められている。図5(a)のように，この容器は鉛直に立てられており，ピストンは重力と容器内外の圧力差から生じる力がつり合って静止していた。

つぎに，ピストンを外から支えながら円筒容器の上下を逆さにして，図5(b)のように外からの支えがなくても静止するところまでピストンをゆっくり移動させた。容器内の気体の状態変化が等温変化であった場合，静止したピストンの容器の底からの距離は $L_{等温}$ であった。また，容器内の気体の状態変化が断熱変化であった場合には $L_{断熱}$ であった。

図6は，容器内の理想気体の圧力 p と体積 V の関係(p - V グラフ)を示している。ここで，実線は エ ，破線は オ を表しており，これを用いると $L_{等温}$ と $L_{断熱}$ の大小関係は， カ である。

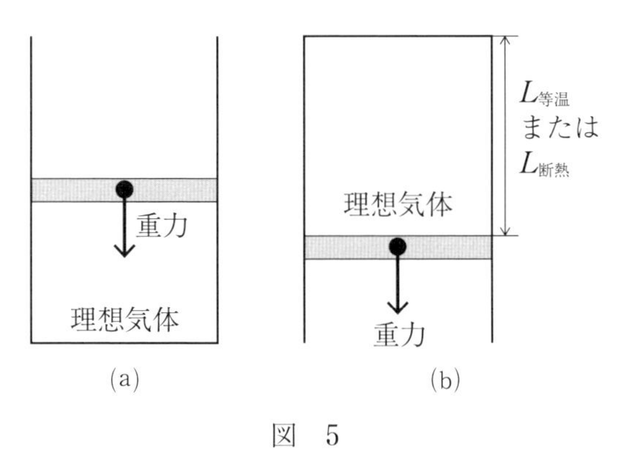

図 5

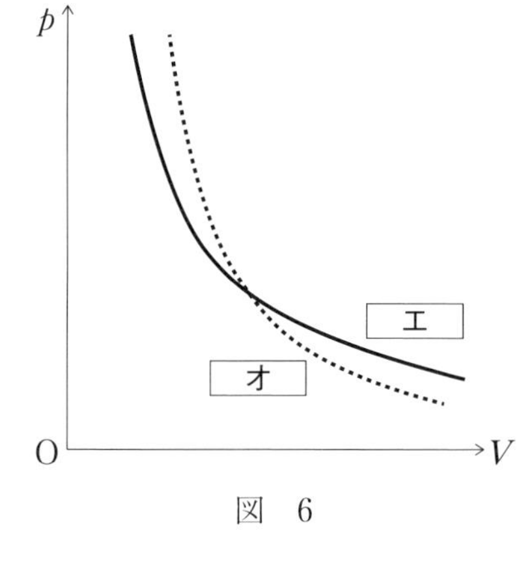

図　6

	エ	オ	カ
①	等温変化	断熱変化	$L_{等温} < L_{断熱}$
②	等温変化	断熱変化	$L_{等温} > L_{断熱}$
③	断熱変化	等温変化	$L_{等温} < L_{断熱}$
④	断熱変化	等温変化	$L_{等温} > L_{断熱}$

第2問 次の文章(**A**・**B**)を読み，以下の問い(**問1～6**)に答えよ。(配点 25)

A 図1のように，抵抗値が10 Ωと20 Ωの抵抗，抵抗値Rを自由に変えられる可変抵抗，電気容量が0.10 Fのコンデンサー，スイッチおよび電圧が6.0 Vの直流電源からなる回路がある。最初，スイッチは開いており，コンデンサーは充電されていないとする。

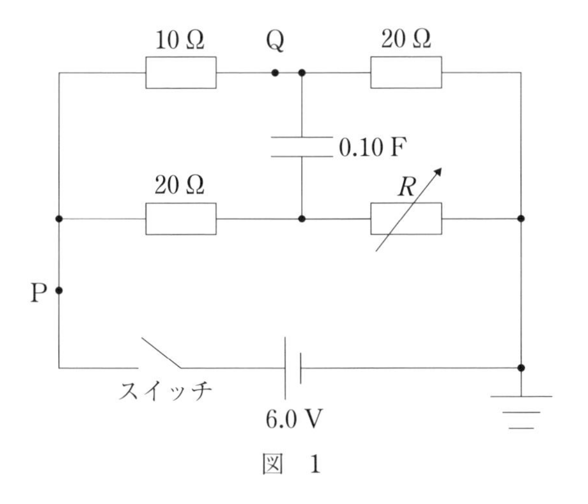

図 1

問1　次の文章中の空欄 [6] に入れる選択肢として最も適当なものを，下の①～④のうちから一つ，空欄 [7] ～ [9] に入れる数字として最も適当なものを，下の①～⓪のうちから一つずつ選べ。ただし [7] ～ [9] には同じものを繰り返し選んでもよい。

可変抵抗の抵抗値を $R = 10\ \Omega$ に設定する。スイッチを閉じた瞬間はコンデンサーに電荷は蓄えられていないので，コンデンサーの両端の電位差は0 Vである。スイッチを閉じた瞬間の回路は [6] と同じ回路とみなせ，スイッチを閉じた瞬間に点Qを流れる電流の大きさを有効数字2桁で表すと [7] . [8] $\times 10^{-}$ [9] Aである。

[6] の解答群

①
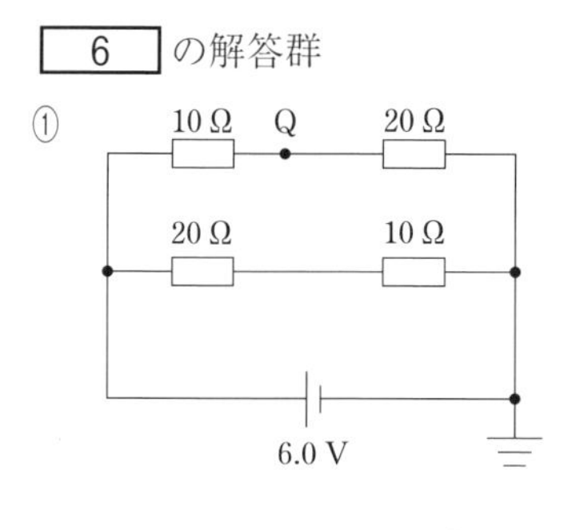

②
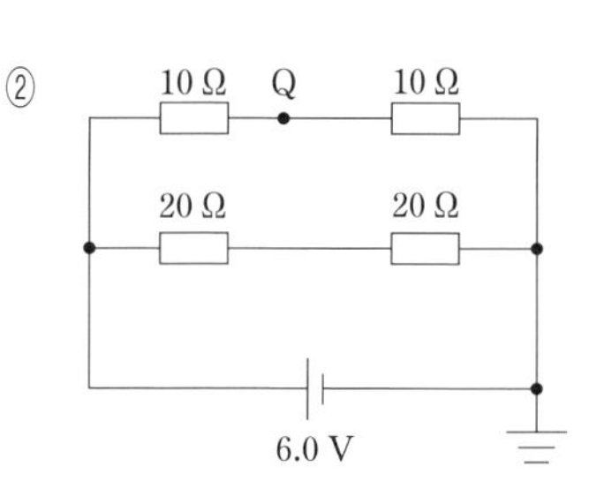

③
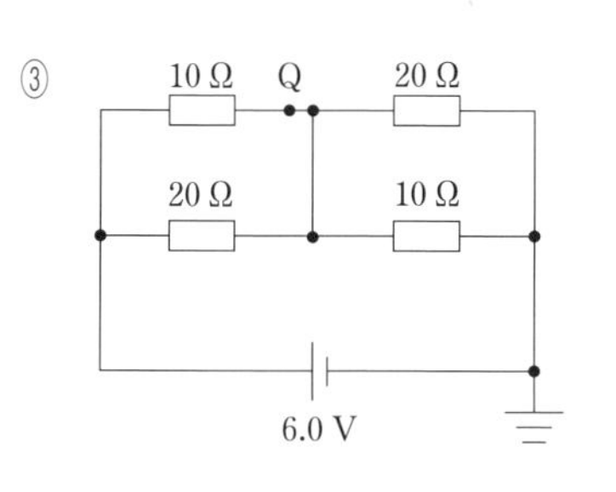

④
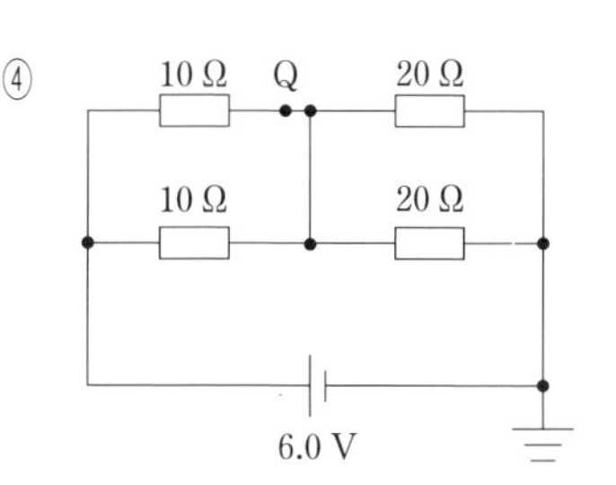

[7] ～ [9] の解答群

①　1	②　2	③　3	④　4	⑤　5
⑥　6	⑦　7	⑧　8	⑨　9	⓪　0

問2　次の文章中の空欄 [10] · [11] に入れる数値として最も適当なものを，下の①～⓪のうちから一つずつ選べ。ただし，同じものを繰り返し選んでもよい。

可変抵抗の抵抗値は $R = 10\ \Omega$ にしたまま，スイッチを閉じて十分時間が経過すると，コンデンサーに流れ込む電流は0となる。このとき，図1の点Pを流れる電流の大きさは [10] Aで，コンデンサーに蓄えられた電気量は [11] Cであった。

① 0.10　② 0.20　③ 0.30　④ 0.40　⑤ 0.50
⑥ 0.60　⑦ 0.70　⑧ 0.80　⑨ 0.90　⓪ 0

問3　スイッチを開いてコンデンサーに蓄えられた電荷を完全に放電させた。次に，可変抵抗の抵抗値を変え，再びスイッチを入れた。その後，点Pを流れる電流はスイッチを入れた直後の値を保持した。可変抵抗の抵抗値 R を有効数字2桁で表すと，どのようになるか。次の式中の空欄 [12] ～ [14] に入れる数字として最も適当なものを，下の①～⓪のうちから一つずつ選べ。ただし，同じものを繰り返し選んでもよい。

$R =$ [12] . [13] $\times 10^{[\ 14\ ]}\ \Omega$

① 1　② 2　③ 3　④ 4　⑤ 5
⑥ 6　⑦ 7　⑧ 8　⑨ 9　⓪ 0

（問題は次に続く。）

B　図2のように，鉛直上向きで磁束密度の大きさBの一様な磁場(磁界)中に，十分に長い2本の金属レールが水平面内に間隔dで平行に固定されている。その上に導体棒a，bをのせ，静止させた。導体棒a，bの質量は等しく，単位長さあたりの抵抗値はrである。導体棒はレールと垂直を保ったまま，レール上を摩擦なく動くものとする。また，自己誘導の影響とレールの電気抵抗は無視できる。

時刻$t=0$に導体棒aにのみ，右向きの初速度v_0を与えた。

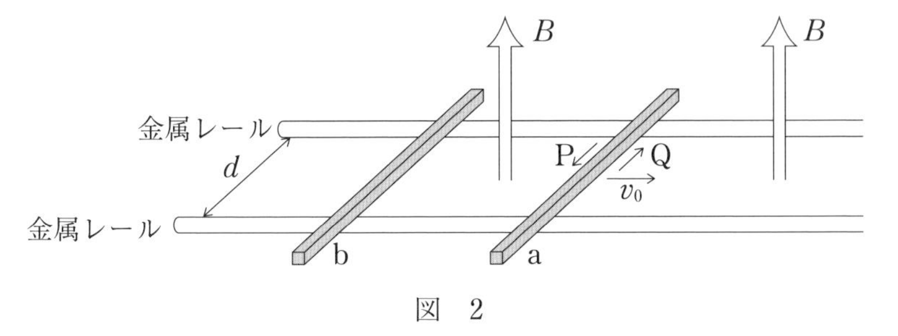

図　2

問4　導体棒aに流れる誘導電流に関して，下の文章中の空欄 **ア** ・ **イ** に入れる記号と式の組合せとして最も適当なものを，下の①～④のうちから一つ選べ。 **15**

導体棒aが動き出した直後に，導体棒aに流れる誘導電流は図の **ア** の矢印の向きであり，その大きさは **イ** である。

	①	②	③	④
ア	P	P	Q	Q
イ	$\dfrac{Bdv_0}{2r}$	$\dfrac{Bv_0}{2r}$	$\dfrac{Bdv_0}{2r}$	$\dfrac{Bv_0}{2r}$

問5　導体棒aが動き始めると，導体棒bも動き始めた。このとき，導体棒aとbが磁場から受ける力に関する文として最も適当なものを，次の①～④のうちから一つ選べ。 16

① 力の大きさは等しく，向きは同じである。
② 力の大きさは異なり，向きは同じである。
③ 力の大きさは等しく，向きは反対である。
④ 力の大きさは異なり，向きは反対である。

問6　導体棒aが動き始めたのちの，導体棒a，bの速度と時間の関係を表すグラフとして最も適当なものを，次の①～④のうちから一つ選べ。ただし，速度の向きは図2の右向きを正とする。 17

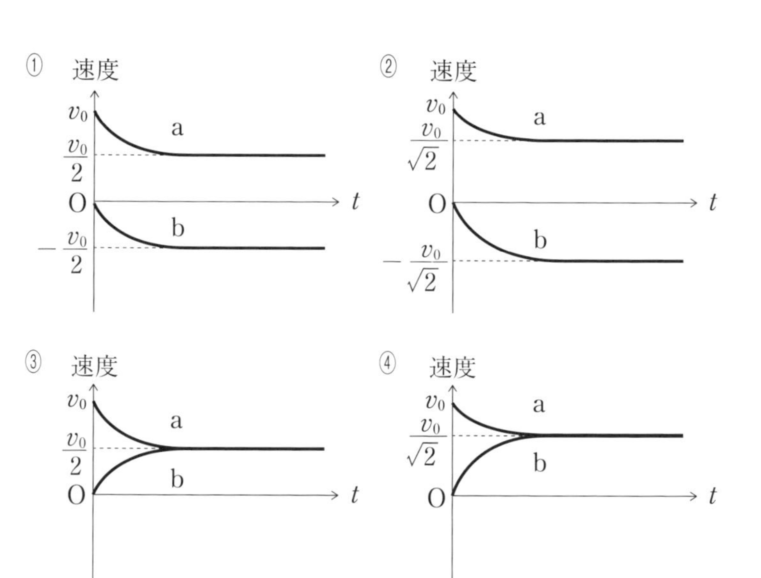

第3問　次の文章(A・B)を読み，以下の問い(問1～6)に答えよ。(配点　30)

A　図1のような装飾用にカット(研磨成形)したダイヤモンドは，さまざまな色で明るく輝く。その理由を考えよう。

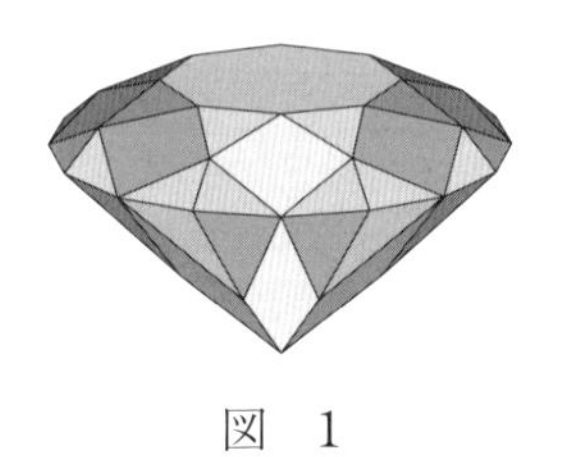

図　1

問1　次の文章中の空欄 ア ～ イ に入れる語句の組合せとして最も適当なものを，次ページの①～④のうちから一つ選べ。 18

ダイヤモンドがさまざまな色で輝くのは光の分散によるものである。断面を図2のようにカットしたダイヤモンドに白色光が DE 面から入り，AC 面と BC 面で反射したのち，EB 面から出て行く場合を考える。

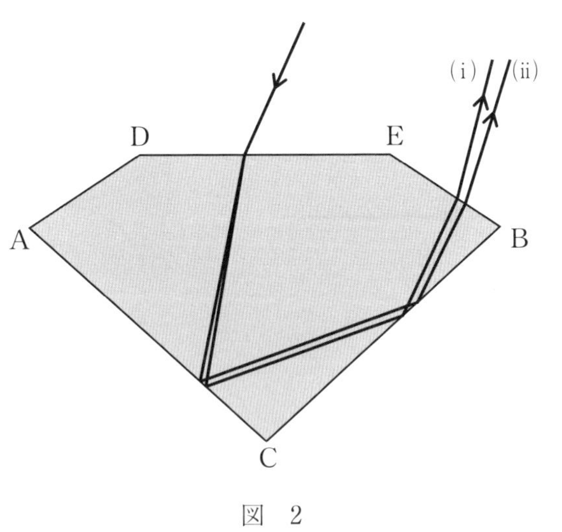

図　2

真空中では光速は振動数によらず一定である。ある振動数の光が媒質中に入射したとき［ア］は変化しないで，［イ］が変化する。

$$\frac{\text{媒質中の［イ］}}{\text{真空中の［ア］}}$$

が光の色によって違うので分散が起こる。波長が異なる二つの光が同じ光路を通ってダイヤモンドに入射すると，図2のように(i)と(ii)の二つの光路に分かれた。ダイヤモンドでは波長の短い光ほど屈折率が大きくなることから，波長の短い方が図2の［ウ］の経路をとる。

	ア	イ	ウ
①	振動数	波　長	(i)
②	振動数	波　長	(ii)
③	波　長	振動数	(i)
④	波　長	振動数	(ii)

問2 次の文章中の空欄 エ ・ オ に入れる式の組合せとして最も適当なものを，次ページの①～④のうちから一つ選べ。 19

次に，図3のように，DE 面のある点Pでダイヤモンドに入射し，AC 面に達する単色光を考える。この単色光でのダイヤモンドの絶対屈折率を n，外側の空気の絶対屈折率を1として，入射角 i と屈折角 r の関係は エ で与えられる。AC 面での入射角 θ_{AC} が大きくなって臨界角 θ_c を超えると全反射する。この臨界角 θ_c は オ から求められる。

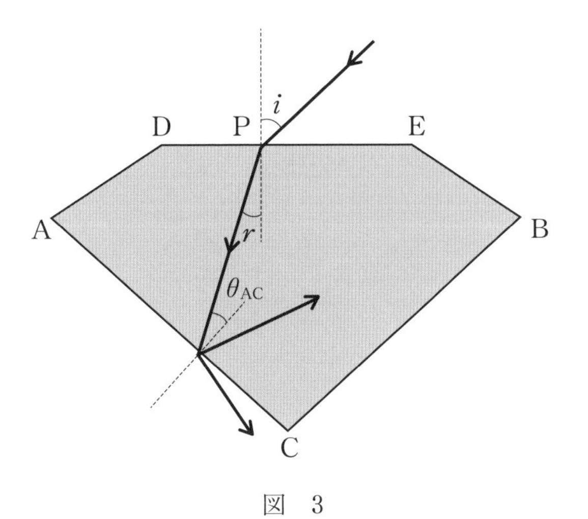

図 3

	エ	オ
①	$\sin i = n \sin r$	$\sin\theta_c = n$
②	$\sin i = n \sin r$	$\sin\theta_c = \dfrac{1}{n}$
③	$\sin i = \dfrac{1}{n}\sin r$	$\sin\theta_c = n$
④	$\sin i = \dfrac{1}{n}\sin r$	$\sin\theta_c = \dfrac{1}{n}$

問3　つづいて，ダイヤモンドが明るく輝く理由を考えよう。

図4は，DE 面上のある点 P から入射した単色光の光路の一部を示している。この光の DE 面への入射角を i，AC 面への入射角を θ_{AC}，BC 面への入射角を θ_{BC} とする。

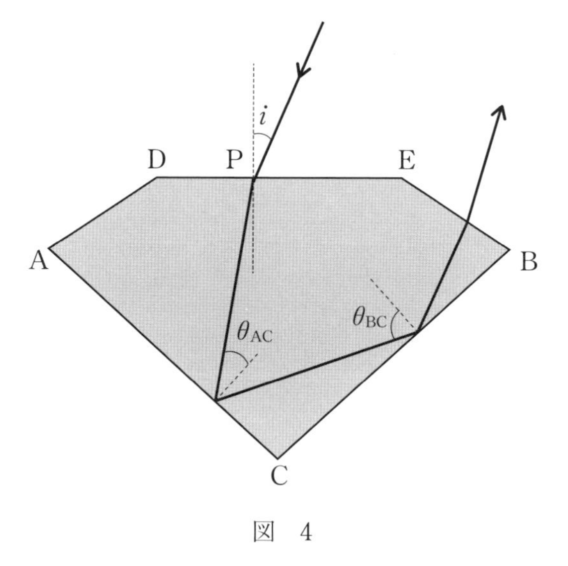

図　4

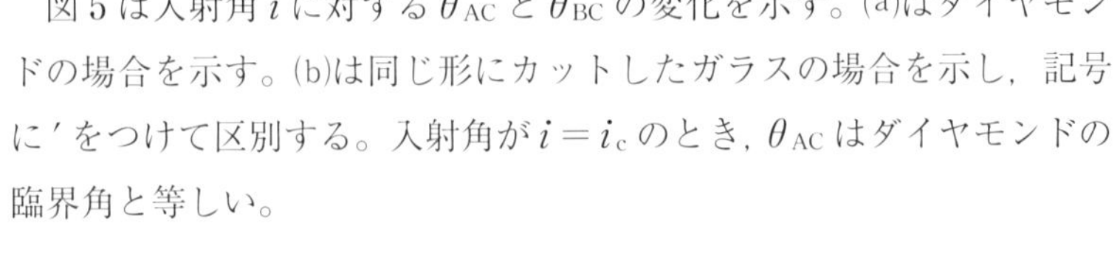

図5は入射角 i に対する θ_{AC} と θ_{BC} の変化を示す。(a)はダイヤモンドの場合を示す。(b)は同じ形にカットしたガラスの場合を示し，記号に ′ をつけて区別する。入射角が $i=i_c$ のとき，θ_{AC} はダイヤモンドの臨界角と等しい。

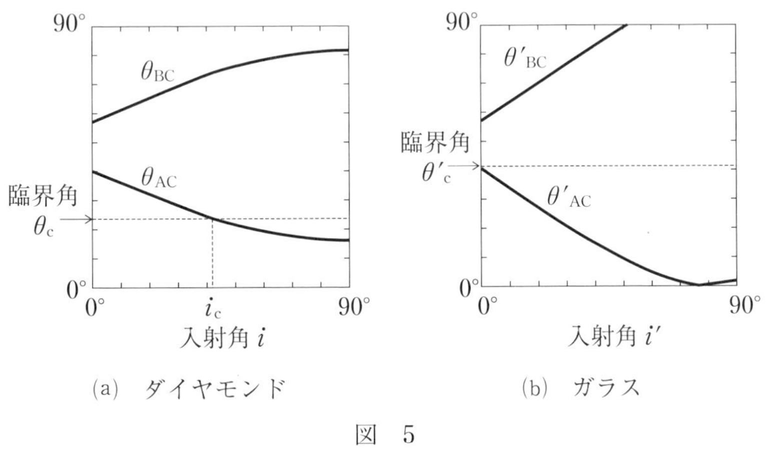

(a) ダイヤモンド　　(b) ガラス

図　5

図5を見て，次の文章中の空欄 **カ** ～ **ク** に入れる語句の組合せとして最も適当なものを，次ページの①～⑧のうちから一つ選べ。解答群中の「部分反射」は，境界面に入射した光の一部が反射し，残りの光は境界面を透過することを表す。 **20**

光は，ダイヤモンドでは，$0°<i<i_c$ のとき面ACで **カ** し，$i_c<i<90°$ のとき面ACで **キ** する。ガラスでは，$0°<i'<90°$ のとき面ACで **ク** する。ダイヤモンドでは，$0°<i<90°$ のとき面BCで全反射する。ガラスでは，面BCに達した光は全反射する。

	カ	キ	ク
①	全反射	全反射	全反射
②	全反射	全反射	部分反射
③	全反射	部分反射	全反射
④	全反射	部分反射	部分反射
⑤	部分反射	全反射	全反射
⑥	部分反射	全反射	部分反射
⑦	部分反射	部分反射	全反射
⑧	部分反射	部分反射	部分反射

図5の考察をもとに，次の文章中の空欄［ケ］・［コ］に入れる語句の組合せとして最も適当なものを，下の①～④のうちから一つ選べ。［21］

ダイヤモンドがガラスより明るく輝くのは，ダイヤモンドはガラスより屈折率が［ケ］ため臨界角が小さく，入射角の広い範囲で二度［コ］し，観察者のいる上方へ進む光が多いからである。

	ケ	コ
①	大きい	全反射
②	大きい	部分反射
③	小さい	全反射
④	小さい	部分反射

B　蛍光灯が光る原理について考えてみる。

図6は蛍光灯の原理を考えるための簡単な模式図である。ガラス管内のフィラメントを加熱して熱電子(電子)を放出させ，電圧 V で加速させる。

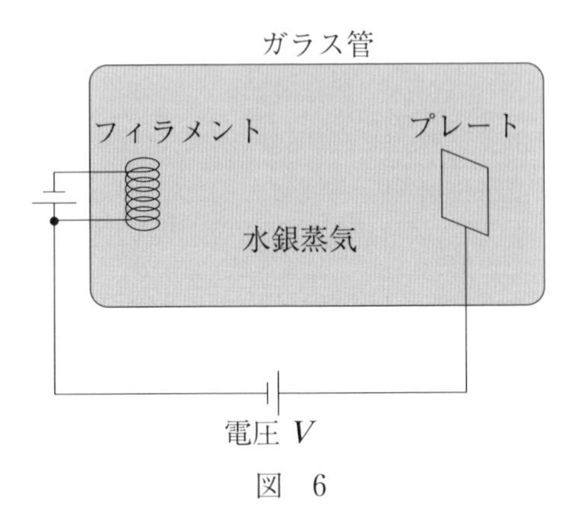

図　6

問4　電子が電圧 V によって加速され，管内で水銀原子と一度も衝突せずにプレートに到達したとき，電子が得る運動エネルギーを表す式として正しいものを，次の①〜⑥のうちから一つ選べ。ただし，電気素量を e とする。 22

① $\frac{1}{2}eV$　② eV　③ $\frac{3}{2}eV$

④ $\frac{1}{2}eV^2$　⑤ eV^2　⑥ $\frac{3}{2}eV^2$

加速された電子が水銀原子に衝突した場合には，図７のような二つの過程(a)，(b)が考えられる。図に示したように，水銀原子が動いた向きを y 軸の負の向きとし，衝突は xy 平面内で起こったものとする。

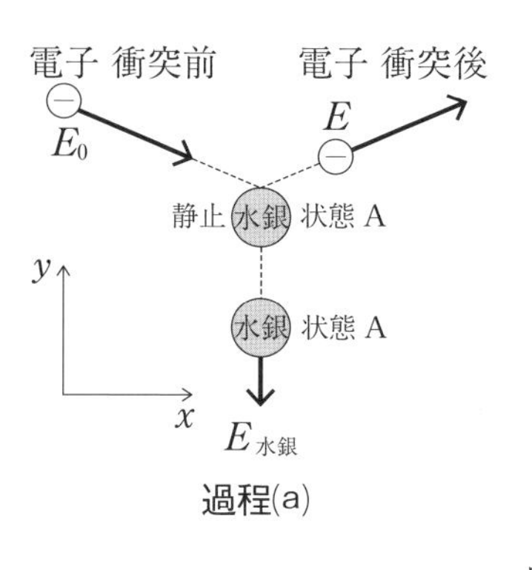

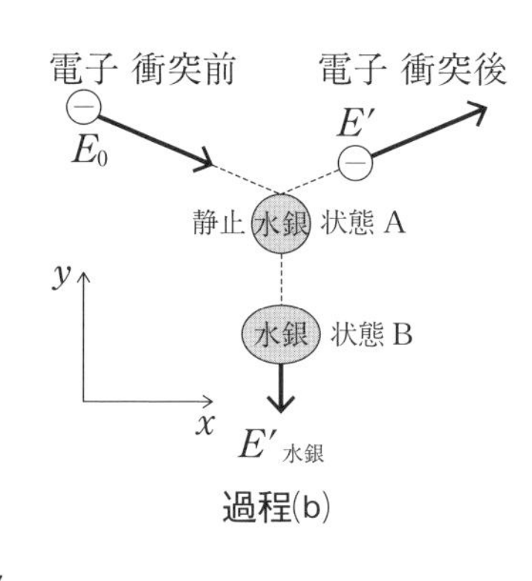

図　7

過程(a)　運動エネルギー E_0 の電子と状態Ａで静止している水銀原子が衝突し，電子の運動エネルギーは E となる。水銀原子は状態Ａのまま運動エネルギー $E_{水銀}$ をもって運動する。

過程(b)　運動エネルギー E_0 の電子と状態Ａで静止している水銀原子が衝突し，電子の運動エネルギーは E' となる。水銀原子は状態Ａよりエネルギーが高い状態Ｂに変化して，運動エネルギー $E'_{水銀}$ をもって運動する。

状態Ｂの水銀原子は，やがてエネルギーの低い状態Ａに戻り，そのとき紫外線を放出する。その後，この紫外線が蛍光灯管内の蛍光物質にあたって，可視光線が生じる。

問5　それぞれの過程における衝突の前後で，電子と水銀原子の運動量の和はどうなるか。最も適当なものを，次の①～⑥のうちから一つ選べ。 23

	過程(a)の運動量の和	過程(b)の運動量の和
①	保存する	保存する
②	保存する	x 方向は保存するが y 方向は保存しない
③	保存する	保存しない
④	保存しない	保存する
⑤	保存しない	x 方向は保存するが y 方向は保存しない
⑥	保存しない	保存しない

問6　それぞれの過程における衝突後，電子と水銀原子の運動エネルギーの和はどうなるか。最も適当なものを，次の①～⑨のうちから一つ選べ。 24

	過程(a)の運動 エネルギーの和	過程(b)の運動 エネルギーの和
①	増える	増える
②	増える	変化しない
③	増える	減る
④	変化しない	増える
⑤	変化しない	変化しない
⑥	変化しない	減る
⑦	減る	増える
⑧	減る	変化しない
⑨	減る	減る

第4問　次の問い(問1～4)に答えよ。(配点　20)

Aさんは固定した台座の上に立っていて，Bさんは水平な氷上に静止したそりの上に立っている。図1のように，Aさんが質量mのボールを速さv_A，水平面となす角θ_Aで斜め上方に投げたとき，ボールは速さv_B，水平面となす角θ_Bで，Bさんに届いた。そりとBさんを合わせた質量はMであった。ただし，そりと氷との間に摩擦力ははたらかないものとする。空気抵抗は無視できるものとし，重力加速度の大きさをgとする。

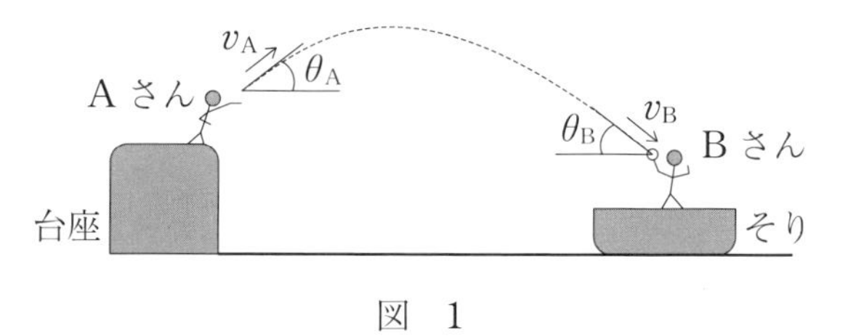

図　1

問1　Aさんが投げた瞬間のボールの高さと，Bさんに届く直前のボールの高さが等しい場合には，$v_A = v_B$，$\theta_A = \theta_B$である。図1のように，Aさんが投げた瞬間のボールの高さの方が，Bさんに届く直前のボールの高さより高いとき，v_A，v_B，θ_A，θ_Bの大小関係を表す式として正しいものを，次の①～④のうちから一つ選べ。　25

① $v_A > v_B$，$\theta_A > \theta_B$

② $v_A > v_B$，$\theta_A < \theta_B$

③ $v_A < v_B$，$\theta_A > \theta_B$

④ $v_A < v_B$，$\theta_A < \theta_B$

問2　Bさんが届いたボールを捕球して，そりとBさんとボールが一体となって氷上をすべり出す場合を考える。捕球した後，そりとBさんの速さが一定値 V になった。V を表す式として正しいものを，次の①～④のうちから一つ選べ。$V=$ 26

① $\dfrac{(m+M)v_{\mathrm{B}}\cos\theta_{\mathrm{B}}}{M}$　　② $\dfrac{(m+M)v_{\mathrm{B}}\sin\theta_{\mathrm{B}}}{M}$

③ $\dfrac{mv_{\mathrm{B}}\cos\theta_{\mathrm{B}}}{m+M}$　　④ $\dfrac{mv_{\mathrm{B}}\sin\theta_{\mathrm{B}}}{m+M}$

問3　**問2**のように，Bさんが届いたボールを捕球して一体となって運動するときの全力学的エネルギー E_2 と，捕球する直前の全力学的エネルギー E_1 との差 $\Delta E=E_2-E_1$ について記述した文として最も適当なものを，次の①～④のうちから一つ選べ。 27

① ΔE は負の値であり，失われたエネルギーは熱などに変換される。
② ΔE は正の値であり，重力のする仕事の分だけエネルギーが増加する。
③ ΔE はゼロであり，エネルギーは常に保存する。
④ ΔE の正負は，m と M の大小関係によって変化する。

問4　図2のように，Bさんが届いたボールを捕球できず，ボールがそり上面に衝突し跳ね返る場合を考える。このとき，衝突前に静止していたそりは，衝突後も静止したままであった。ただし，そり上面は水平となっており，そり上面とボールの間には摩擦力ははたらかないものとする。

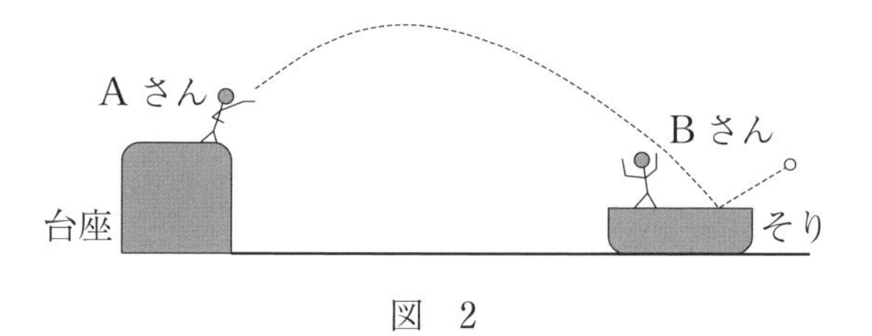

図　2

以下のAさんとBさんの会話の内容が正しくなるように，次の文章中の空欄 ア ・ イ に入れる語句の組合せとして最も適当なものを，下の①～④のうちから一つ選べ。 28

Aさん：あれ？そりはつるつるの氷の上にあるのに，全然動かなかったのは，どうしてなんだろう？

Bさん：全然動かなかったということは，ボールからそりに ア と言えるわけだね。

Aさん：こうなるときには，ボールとそりは必ず弾性衝突しているんだろうか？

Bさん： イ と思うよ。

	ア	イ
①	与えられた力積がゼロ	そうだね，エネルギー保存の法則から必ず弾性衝突になる
②	与えられた力積がゼロ	いいえ，鉛直方向の運動によっては弾性衝突とは限らない
③	はたらいた力の水平方向の成分がゼロ	そうだね，エネルギー保存の法則から必ず弾性衝突になる
④	はたらいた力の水平方向の成分がゼロ	いいえ，鉛直方向の運動によっては弾性衝突とは限らない

予想問題・第1回

100点満点／60分

物　理

（解答番号 [1] ～ [31]）

第1問　次の問い（問1～5）に答えよ。（配点　25）

問1　次の文章中の空欄 [1] ・ [2] に入れる数値または記号として最も適当なものを，それぞれの直後の｛　｝で囲んだ選択肢のうちから一つずつ選べ。

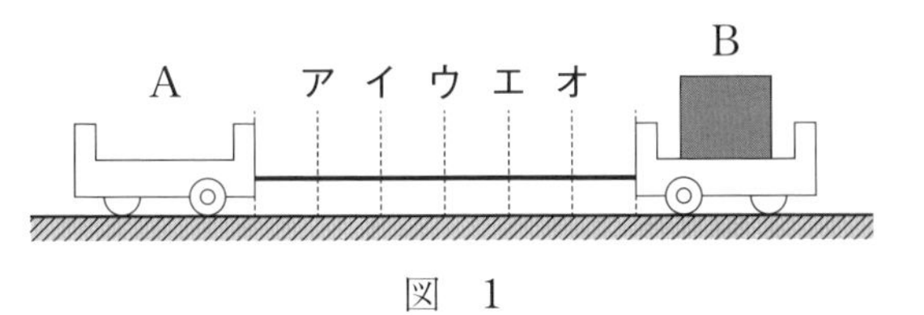

図　1

図1のように質量が1.0 kgの台車Aと，おもりを固定して2.0 kgとした台車Bをゴムひもでつなぎ，ゴムひもが伸びた状態で2つの台車を手で固定しておく。図の点線は，この状態での，台車の先端どうしの距離を6等分した線である。2つの台車から同時に手を離したところ，2つの台車は動き出した。衝突前のある瞬間の台車A，Bの速さをv_{A}，v_{B}とすると，$\dfrac{v_{\mathrm{B}}}{v_{\mathrm{A}}}$は [1] ｛① $\dfrac{1}{3}$　② $\dfrac{1}{2}$　③ $\dfrac{2}{3}$　④ 1　⑤ $\dfrac{3}{2}$　⑥ 2　⑦ 3｝であるから，2つの台車が衝突した位置は図1の [2] ｛① **ア**　② **イ**　③ **ウ**　④ **エ**　⑤ **オ**｝の位置となる。ただし，台車と床との間の摩擦の影響は無視してよいものとする。

問2　次の文章中の空欄 ア ・ イ に当てはまる文字の組合せとして最も適当なものを，次の①～⑥のうちから一つ選べ。 3

図2のように，電気量が $+q$ の正の点電荷が $x=a$ の点Aに固定されている。この点Aの点電荷が $y=2a$ の点Bにつくる電場を図2の矢印で表すものとする。$x=-4a$ の点Cに電気量が ア の点電荷を固定したところ，点Bでの電場の向きが x 軸の負方向になった。また，点Cの点電荷の電気量を イ としたところ，電位が0の等電位線は図3のようになった。ただし，電位の基準は無限遠方にとるものとする。

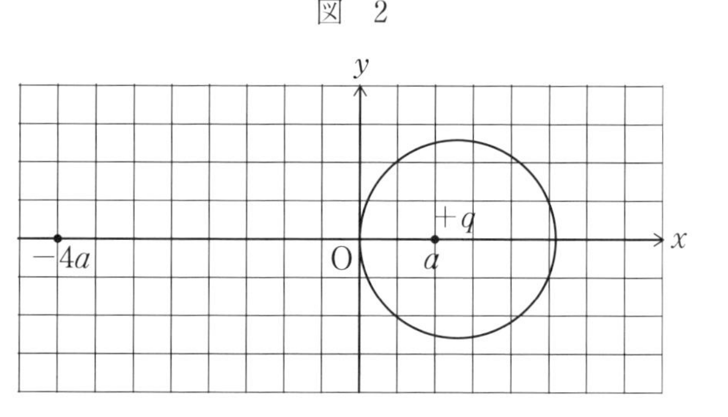

図　2

図　3

	ア	イ
①	$-2q$	$-4q$
②	$-2q$	$-8q$
③	$-4q$	$-2q$
④	$-4q$	$-8q$
⑤	$-8q$	$-2q$
⑥	$-8q$	$-4q$

問3　次の文章中の空欄 [4] に当てはまる図の番号を解答群の①～④のうちから一つ選べ。さらに，[5] に入れる数値として最も適当なものを，直後の ｛　｝ で囲んだ選択肢のうちから一つ選べ。

図4のように，水面上に点波源と，波を反射する壁があり，波源と壁は7.0 cm 離れている。波源の振動の周期は0.10秒であり，波源を中心として円形波が広がる。この波の速さは60 cm/s であったとする。波源からの波と，壁で自由端反射した波が干渉した結果，水面には大きく振動する部分と，ほとんど振動しない部分が現れた。水面の大きく振動する点を連ねた線を実線で，ほとんど振動しない点を連ねた線を破線で表した図は [4] である。

壁に垂直で波源を通る直線を直線Lとする。波源を直線L上に沿って右方向にゆっくり移動させていくと，初めの位置から右に，

[5] ｛① 0.5　② 1.0　③ 1.5　④ 2.0　⑤ 2.5　⑥ 3.0｝cm だけ移動させたとき，

波源より左側の直線L上には波ができなくなった。

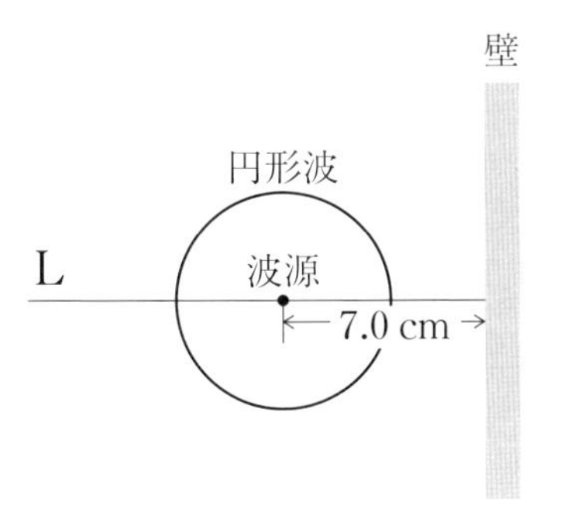

図　4

4 の解答群

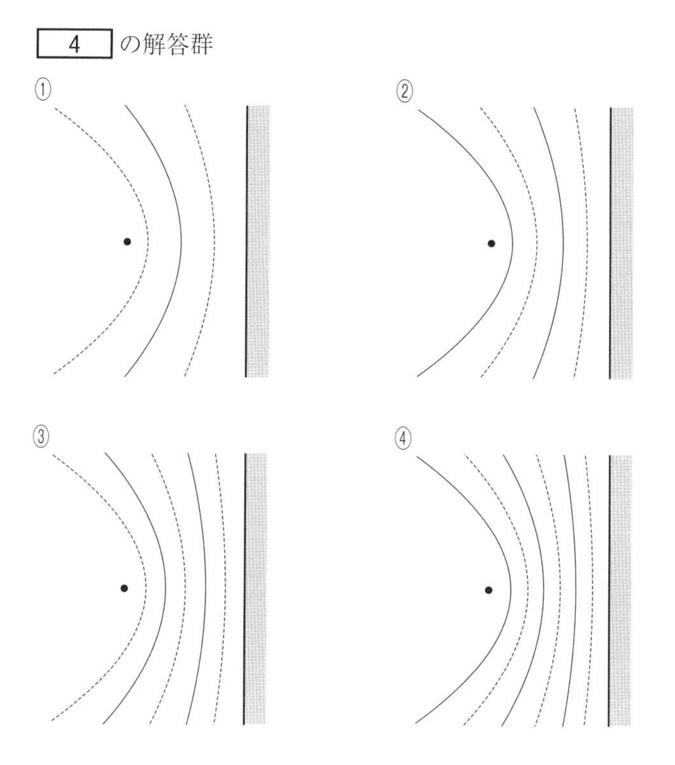

問4　一端が閉じられており，ピストンにより一定量の気体が封入されたガラス製のシリンダーがある。図5のように，ある位置で静止しているピストンをストッパーの位置まで押し込むことを考える。その際，ピストンを急激に押し込んだ場合と，ゆっくり押し込んだ場合の違いについて，正しく述べているものを下の①～④のうちから一つ選べ。ただし，押し込む前の気体の状態は等しく，押し込んだ距離も等しいものとする。また，摩擦熱およびピストンがストッパーに衝突する際に生じた熱は無視するものとする。 6

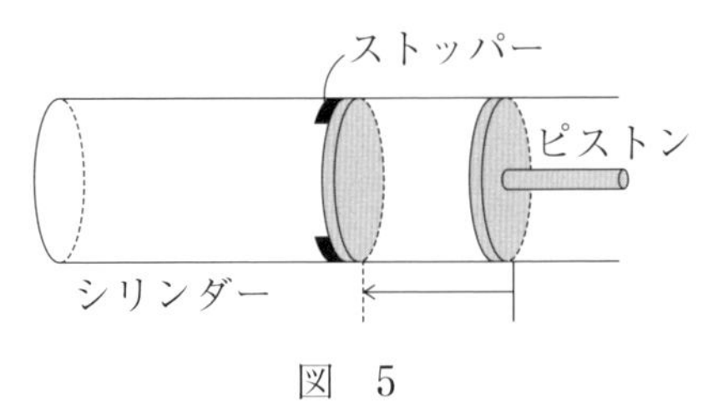

図　5

①　どちらの場合も，ピストンを押し込む際に中の気体がされた仕事の大きさは等しい。

②　ゆっくり押し込んだ場合の方が，急激に押し込んだ場合に比べて，中の気体の内部エネルギーは大きくなる。

③　ゆっくり押し込んだ場合の方が，急激に押し込んだ場合に比べて，中の圧力が大きく増加する。

④　ゆっくり押し込んだ場合，押し込んでいる間に中の気体が放出した熱量は，中の気体がされた仕事の大きさに等しい。

問5　2つの物体A，Bを，あらく水平な床面上で別々にすべらせることを考える。2つの物体は，比熱は等しいが質量は異なり，物体Aの方が物体Bよりも質量が大きい。また，物体A，Bと床面との間の動摩擦係数は等しいものとし，すべり始めてから静止するまでの間に，摩擦によって生じた熱はすべて物体の温度上昇に費やされるものとする。

物体A，Bに同じ初速度を与えて床面上をすべらせた場合，物体が摩擦によって得た熱と温度の上昇はそれぞれどうなるか。最も適当な組合せを下の①～⑨のうちから一つ選べ。ただし，空気抵抗の影響は無視するものとする。［ 7 ］

	摩擦によって得た熱	温度の上昇
①	Aの方が大きい	Aの方が大きい
②	Aの方が大きい	Bの方が大きい
③	Aの方が大きい	AとBで変わらない
④	Bの方が大きい	Aの方が大きい
⑤	Bの方が大きい	Bの方が大きい
⑥	Bの方が大きい	AとBで変わらない
⑦	AとBで変わらない	Aの方が大きい
⑧	AとBで変わらない	Bの方が大きい
⑨	AとBで変わらない	AとBで変わらない

第2問 次の文章(A・B)を読み，下の問い(問1～6)に答えよ。(配点 25)

A 地球の質量を M，半径を R とする。図1のように，宇宙船1，宇宙船2が一体となった宇宙船が，地表から高さ h の円軌道上を周回している。地球は静止しているものとし，万有引力定数を G とする。

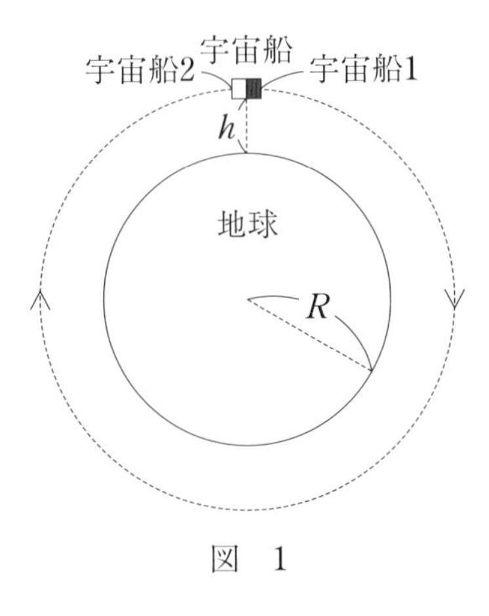

図 1

問1 宇宙船の円運動の速さを表す式として最も適当なものを，それぞれ下の①～⑥のうちから一つ選べ。 [8]

① $\sqrt{\dfrac{GM}{h}}$　② $\sqrt{\dfrac{GM}{R}}$　③ $\sqrt{\dfrac{GM}{R+h}}$

④ $\dfrac{\sqrt{GM}}{h}$　⑤ $\dfrac{\sqrt{GM}}{R}$　⑥ $\dfrac{\sqrt{GM}}{R+h}$

問2　この宇宙船内の観測者からは，宇宙船内の物体に重力が働かなくなったように見える。この理由について説明したものとして最も適当なものを，下の①～④のうちから一つ選べ。 9

① 宇宙船内の物体が受ける万有引力の大きさが，ほぼ0となるから。
② 宇宙船内の物体が受ける万有引力の大きさが，遠心力の大きさと等しいから。
③ 宇宙船内の物体が受ける万有引力の大きさが，遠心力の大きさに比べて十分に小さいから。
④ 宇宙船内の物体が受ける万有引力の大きさが，遠心力の大きさに比べて十分に大きいから。

問3　円運動している宇宙船を宇宙船1と宇宙船2に分離させたところ，前方の宇宙船1は加速し，後方の宇宙船2は減速して，2つの宇宙船はそれぞれ地球のまわりを異なる楕円軌道を描いて運動した。分離後の宇宙船1，2の楕円運動の周期は，分離前の円運動の周期に比べてそれぞれどうなるか。最も適当なものを，次の①～⑤のうちから一つ選べ。ただし，分離後の宇宙船1，2の地球との衝突や，宇宙船同士の衝突はないものとする。 10

	宇宙船1の周期	宇宙船2の周期
①	長くなる	長くなる
②	長くなる	短くなる
③	短くなる	長くなる
④	短くなる	短くなる
⑤	変わらない	変わらない

B 図2のように，ばね定数 k の軽いばねの一端が質量 m のおもりに取り付けられ，もう一端は天井に固定されている。おもりを，ばねが自然長となる位置で支えておき，静かにはなしたところ，おもりは上下に単振動した。重力加速度の大きさを g とし，おもりの大きさは十分小さいものとする。

図 2

問4 おもりの速さの最大値はいくらか。最も適当なものを次の①～⑥のうちから一つ選べ。 11

① $\frac{g}{2}\sqrt{\frac{k}{m}}$　　② $\frac{g}{2}\sqrt{\frac{m}{k}}$　　③ $g\sqrt{\frac{k}{m}}$

④ $g\sqrt{\frac{m}{k}}$　　⑤ $2g\sqrt{\frac{k}{m}}$　　⑥ $2g\sqrt{\frac{m}{k}}$

問5　今度は，自然長となる位置で，おもりに鉛直下向きの初速を与えたところ，おもりは上下に単振動した。おもりを自然長の位置から静かにはなしたときと比べて，単振動の周期および振動の中心の位置はどうなるか。最も適当なものを次の①～④のうちから一つ選べ。 **12**

① 振動の周期は長くなり，振動の中心の位置は下方にずれる。

② 振動の周期は長くなるが，振動の中心の位置は変わらない。

③ 振動の周期は変わらないが，振動の中心の位置は下方にずれる。

④ 振動の周期，振動の中心の位置はともに変わらない。

問6　つづいて，単振動と電気振動の類似性について考察してみよう。

次の文章の式中の空欄 [ア]・[イ] に入れる数式の組合せとして最も適当なものを，次の①～⑥のうちから一つ選べ。 [13]

ばねが自然長となるときのおもりの位置を原点Oとして，鉛直下向きを正とするx軸を設定する。おもりの位置x，加速度を$\dfrac{\Delta v}{\Delta t}$とすると，運動方程式は，

$$m\frac{\Delta v}{\Delta t} = -k(x - \boxed{\text{ア}}) \quad \cdots\cdots(1)$$

となる。

一方，図3のように起電力Eの直流電源，自己インダクタンスLのコイル，電気容量Cのコンデンサーおよびスイッチからなる回路がある。はじめコンデンサーに電荷は蓄えられていない。導線およびコイルの抵抗，直流電源の内部抵抗は無視する。

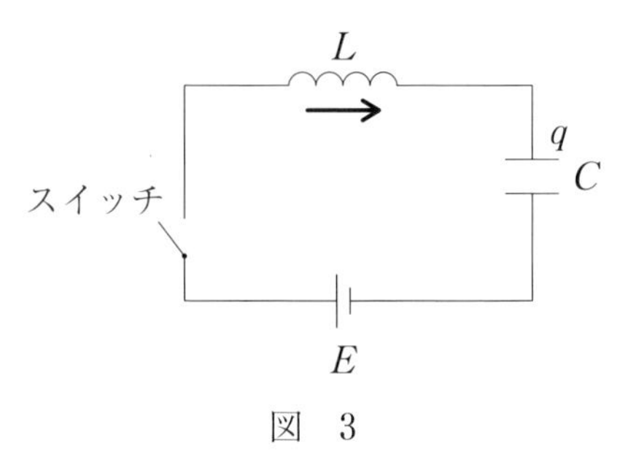

図　3

スイッチを閉じ，ある時間が経過したときのコンデンサーの上極板に蓄えられた電荷をq，矢印の向きに流れる電流の単位時間あたりの変化を$\dfrac{\Delta i}{\Delta t}$とすると，キルヒホッフの第2法則より，

$$L\frac{\Delta i}{\Delta t} = -\frac{1}{C}(q - \boxed{\text{イ}}) \quad \cdots\cdots(2)$$

が成立する。式(1)と式(2)の対応から，コンデンサーに蓄えられる電荷qは，単振動におけるおもりの位置xと同様に，周期的に変動するこ

とがわかる。

	ア	イ
①	$\frac{mg}{k}$	CE
②	$\frac{mg}{k}$	$\frac{E}{C}$
③	$\frac{mg}{k}$	$\frac{C}{L}E$
④	$-\frac{mg}{k}$	CE
⑤	$-\frac{mg}{k}$	$\frac{E}{C}$
⑥	$-\frac{mg}{k}$	$\frac{C}{L}E$

式(1)，式(2)の類似性に着目すると，コンデンサーにかかる電圧の最大値はいくらか。最も適当なものを次の①～⑤のうちから一つ選べ。 14

① $\frac{E}{2}$　② $\frac{E}{\sqrt{2}}$　③ E　④ $\sqrt{2}E$　⑤ $2E$

第3問　次の文章(A・B)を読み，下の問い(問1～7)に答えよ。(配点　25)

A　図1のように，電流計，抵抗，コンデンサー，スイッチおよび起電力が3.0Vの直流電源からなる回路がある。はじめ，スイッチは開いており，コンデンサーの電荷は0Cである。スイッチを閉じると，コンデンサーの充電が始まり，電流計が示した値を測定したところ，充電を開始してからの時間と電流の関係は図2のようになった。電流計および，電源の内部抵抗は無視してよい。

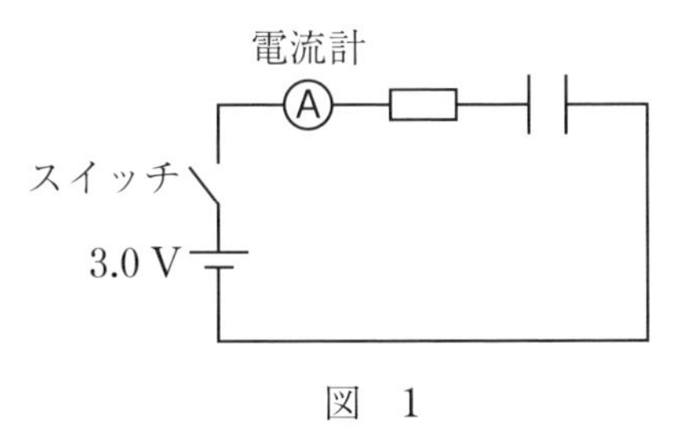

図　1

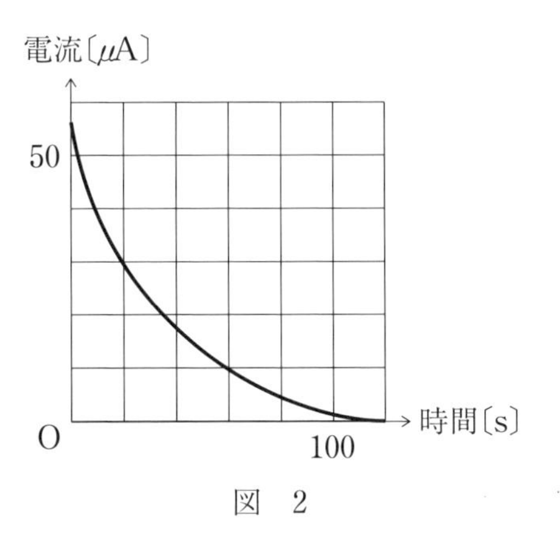

図　2

問1　以下の生徒たちの会話の内容が正しくなるように，文章中の空欄 ア ～ ウ に入れる式の組合せとして最も適当なものを，①～⑧のうちから一つ選べ。 15

「この図2のグラフの面積を求めれば，最終的にコンデンサーに蓄えられた電荷 Q〔C〕がわかるから，この Q を用いて電気容量は ア 〔F〕とわかるね」
「でも，電流が一定でないから，このグラフの面積を求めるのは難しいね」
「抵抗を可変抵抗に置き換えて，電流の大きさが一定の値を保つように抵抗値を調節していけば，面積が求めやすくなるんじゃないかな」
「可変抵抗の抵抗値を R〔Ω〕，一定となった電流の大きさを I〔A〕，コンデンサーに蓄えられた電荷を q〔C〕，電気容量を C〔F〕とすると，これらの量には イ という関係式ができるね」
「さらに，q は，充電を開始してからの時間を t〔s〕とすれば， ウ と表せることを用いれば，R をどのように変化させればいいかがわかるね」

	ア	イ	ウ
①	$3Q$	$I=\frac{1}{R}\left(3-\frac{q}{C}\right)$	$\frac{I}{t}$
②	$3Q$	$I=\frac{1}{R}\left(3-\frac{q}{C}\right)$	It
③	$3Q$	$I=\frac{1}{R}(q-3C)$	$\frac{I}{t}$
④	$3Q$	$I=\frac{1}{R}(q-3C)$	It
⑤	$\frac{Q}{3}$	$I=\frac{1}{R}\left(3-\frac{q}{C}\right)$	$\frac{I}{t}$
⑥	$\frac{Q}{3}$	$I=\frac{1}{R}\left(3-\frac{q}{C}\right)$	It
⑦	$\frac{Q}{3}$	$I=\frac{1}{R}(q-3C)$	$\frac{I}{t}$
⑧	$\frac{Q}{3}$	$I=\frac{1}{R}(q-3C)$	It

問2　電流を一定に保つためには，可変抵抗の抵抗値 R を，充電を開始してからの時間 t とともにどのように変化させればよいか。最も適当なものを次の①～④のうちから一つ選べ。 16

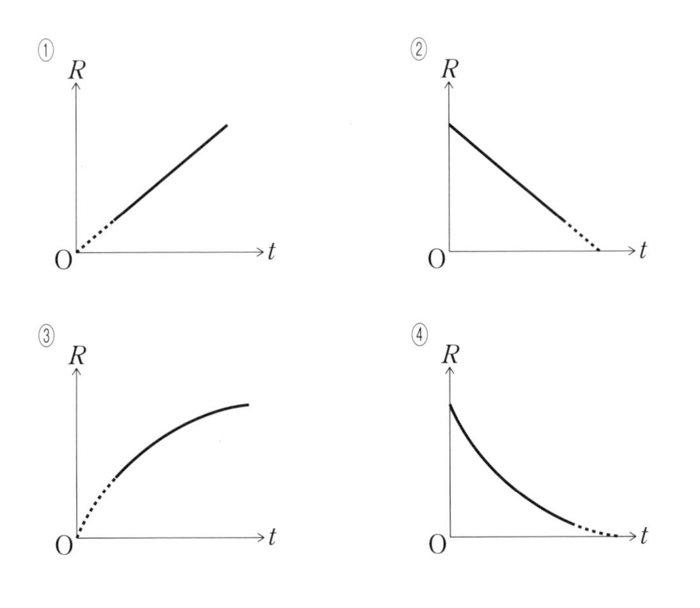

可変抵抗の抵抗値を適切に変化させて，電流計の値を時間ごとに記録していったところ，下の図3の結果を得た。

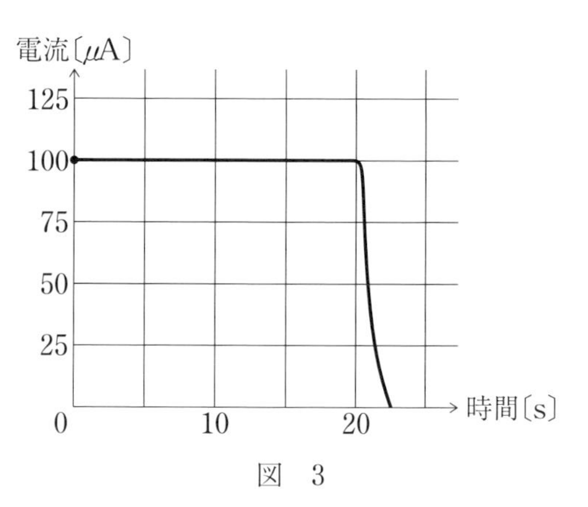

図　3

問3　空欄 [17] に入れる選択肢として最も適当なものを，下の①～⑥のうちから一つ，空欄 [18]・[19] に入れる数字として最も適当なものを，下の①～⓪のうちから一つずつ選べ。ただし，[18]・[19] には同じものを繰り返し選んでもよい。

図3から，コンデンサーに蓄えられた電荷は [17] C であるから，コンデンサーの電気容量は [18] $\times 10^{-\boxed{19}}$ F である。

[17] の解答群

① 2.1×10^{-3}　② 2.1×10^{-4}　③ 2.1×10^{-5}
④ 4.8×10^{-3}　⑤ 4.8×10^{-4}　⑥ 4.8×10^{-5}

[18]・[19] の解答群

① 1　② 2　③ 3　④ 4　⑤ 5
⑥ 6　⑦ 7　⑧ 8　⑨ 9　⓪ 0

B　磁束密度の大きさ B は，電流を I，距離を r とすると，比例定数を k として，

$$B = k\frac{I}{r} \quad \cdots\cdots(*)$$

と表せることが知られている。この式(＊)を確かめる実験を行った。

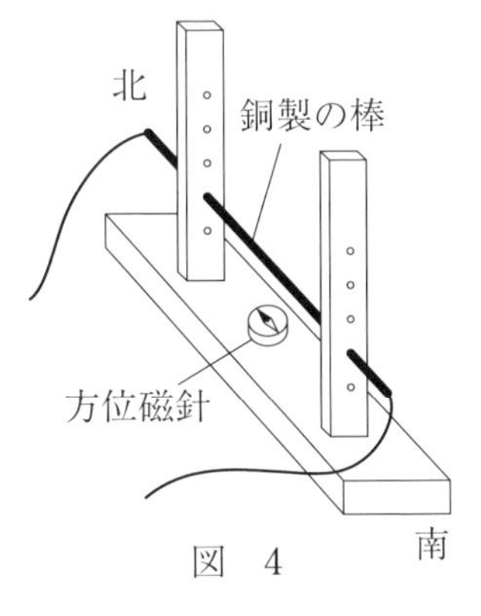

図　4

図4のように，木製の水平な台の上に方位磁針をのせ，磁針と平行に，南北の方向に直径3 mmのたわまない銅製の細い棒を磁針の真上に固定する。なお，この棒の高さは2.0 cmごとに変えられるようにしてある。この棒を，電流を任意の値に調節することのできる定電流電源に接続する。

棒を流れる電流による磁束密度の大きさ B と，地磁気の水平成分による磁束密度 B_0 の関係は，方位磁針の振れ角 θ によって知ることができる。

棒に電流を流したところ，図5のように，磁針は時計回りに振れた。

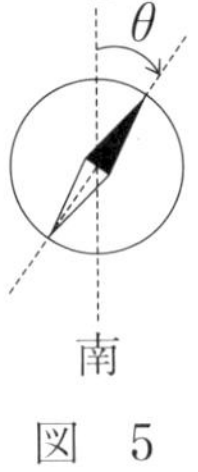

図　5

問4 次の文章中の空欄 エ ・ オ に入れる語句または数値の組合せとして最も適当なものを，下の①〜⑧から一つ選べ。 20

棒に流れた電流の向きは エ の向きである。もし振れ角 θ が 30° であったとすると，この電流による方位磁針の位置での磁束密度の大きさ B と，地磁気による磁束密度の水平成分の大きさ B_0 の比 $\frac{B}{B_0}$ は オ であることがわかる。

	エ	オ
①	北から南	$\frac{1}{\sqrt{3}}$
②	北から南	$\frac{1}{2}$
③	北から南	$\sqrt{3}$
④	北から南	2
⑤	南から北	$\frac{1}{\sqrt{3}}$
⑥	南から北	$\frac{1}{2}$
⑦	南から北	$\sqrt{3}$
⑧	南から北	2

棒の方位磁針からの高さを 10.0 cm に固定し，電流を変化させたときの振れ角 θ を測定したところ，次ページの表1の結果が得られた。

次に，電流を 3.0 A に固定し，棒の高さを変化させたときの θ を測定したところ，次ページの表2の結果が得られた。この実験結果から，棒の高さを r として式(∗) $B = k\frac{I}{r}$ を確かめる。

表　1
（棒の高さ 10 cm）

電流〔A〕	振れ角 θ〔°〕
1.0	4
2.0	10
3.0	16
4.0	20
5.0	24

表　2
（電流 3.0 A）

高さ〔cm〕	振れ角 θ〔°〕
4.0	50
6.0	22
8.0	19
10.0	16
12.0	12

問5　表1，表2の実験結果をグラフに描くことにした。表1，表2ではグラフの縦軸と横軸の変数の組合せをそれぞれどのように選べば式(＊)を確認しやすいか。組合せとして最も適当なものを次の①～⑥のうちから一つずつ選べ。

表1： 21 　　　表2： 22

21 の解答群

	横軸にとる変数	縦軸にとる変数
①	電流	θ
②	電流	$\sin\theta$
③	電流	$\tan\theta$
④	電流の逆数	θ
⑤	電流の逆数	$\sin\theta$
⑥	電流の逆数	$\tan\theta$

22 の解答群

	横軸にとる変数	縦軸にとる変数
①	高さ	θ
②	高さ	$\sin\theta$
③	高さ	$\tan\theta$
④	高さの逆数	θ
⑤	高さの逆数	$\sin\theta$
⑥	高さの逆数	$\tan\theta$

問6　電流が3.0 A，高さが10.0 cmのときの振れ角が16°であることと，地磁気による磁束密度の大きさ$B_0 = 3.0 \times 10^{-5}$ Tを用いて，(＊)式の比例定数kを有効数字2桁で表すとき，次の式中の空欄 23 ～ 25 に入れる数字として最も適当なものを，下の①～⓪のうちから一つずつ選べ。ただし，同じものを繰り返し選んでもよい。必要なら次の値を用いよ。$\sin 16° = 0.28$　$\cos 16° = 0.96$　$\tan 16° = 0.29$

$$k = \boxed{23}.\boxed{24} \times 10^{-\boxed{25}}\ \mathrm{m \cdot T/A}$$

① 1　② 2　③ 3　④ 4　⑤ 5
⑥ 6　⑦ 7　⑧ 8　⑨ 9　⓪ 0

問7　次の文章中の空欄 カ ～ ク に入れる語句の組合せとして最も適当なものを，下の①～⑧のうちから一つ選べ。 26

棒の高さを低く，電流を大きくして測定すると，その測定値から求めた式(＊)のkの値は，真の値からのずれ，つまり誤差が大きくなる。これは，方位磁針の振れ角が カ なり，棒と磁針の先との距離が，棒の高さに比べて，より キ なっているためであり，式(＊)のrを棒の高さとした場合，得られるkの値は真の値に比べて ク なる。

	カ	キ	ク
①	大きく	大きく	大きく
②	大きく	大きく	小さく
③	大きく	小さく	小さく
④	大きく	小さく	大きく
⑤	小さく	大きく	大きく
⑥	小さく	大きく	小さく
⑦	小さく	小さく	大きく
⑧	小さく	小さく	小さく

第4問 次の問い(**問1〜4**)に答えよ。(配点　25)

金属の表面に光を当てたとき，負の電荷をもつ電子が飛び出す現象を光電効果という。この光電効果を確認するために，図1のように，負に帯電して箔(はく)が開いた状態の箔検電器に，紙やすりでよく磨いた亜鉛板をのせ，殺菌灯を用いて紫外線を当てた。

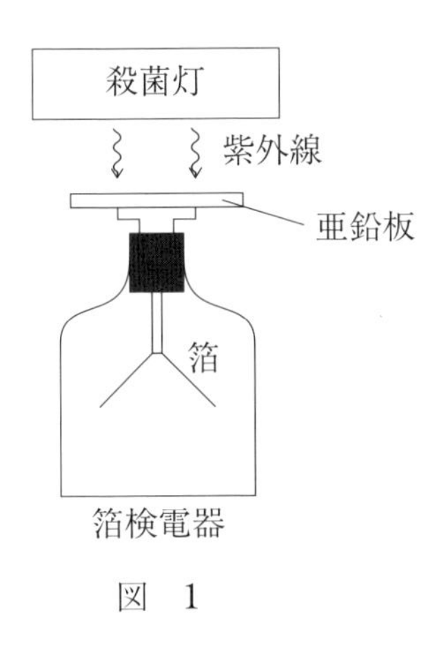

図　1

問1　箔がどうなることで光電効果が確認できるか。最も適当なものを次の①〜③のうちから一つ選べ。 27

① 箔がさらに開く。
② 箔が閉じる。
③ 箔の開きが変わらない。

図2のように，真空のガラス管内に陽極Pと，陰極Kとしてマグネシウムを用いた光電管がある。この陰極Kに振動数がある値より大きい光を当てると，光電子が飛び出し，陽極Pに達する。電流計でこのときの電流Iを測定することで，陽極に達した光電子の個数を知ることができる。この装置を用いて，以下の実験を行った。

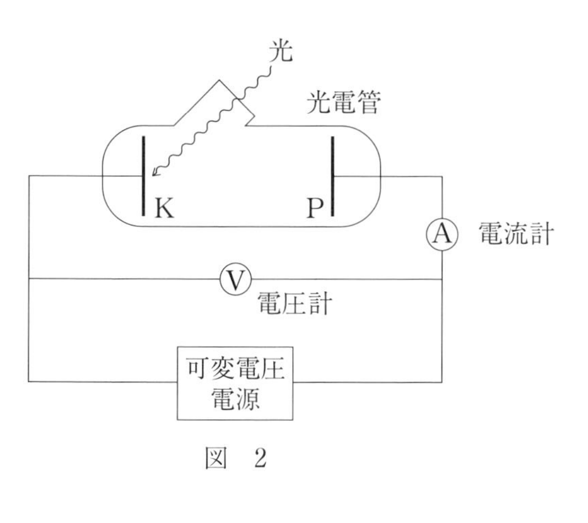

図　2

実験 1

ある振動数ν_1の光を照射しながら，電源によって陰極Kに対する陽極Pの電位Vを変化させていったときの電流Iを測定したところ，図3のようになった。電位Vを負にして下げていくと，電流Iは減少していき，$V=-2.0$ Vのときに$I=0$となった。さらに，絞りを用いてKに当てる光量を変化させたところ，図4のような結果が得られた。

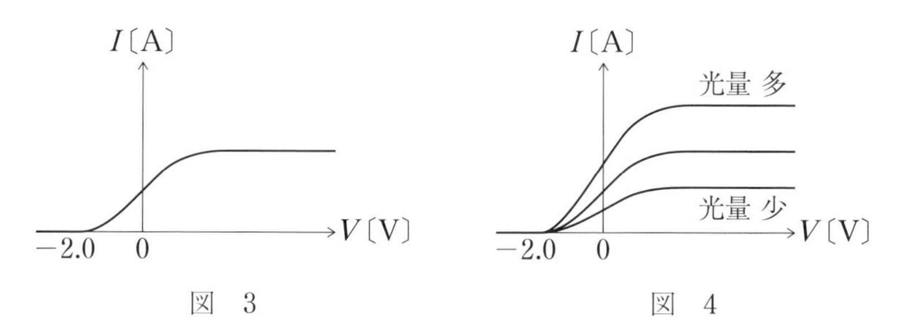

図　3　　　　図　4

実験 2

光量を一定に保ったまま，光の振動数νのみを変えて，電流Iが0となるときの陰極Kに対する陽極Pの電位$-V_0$を測定した。このV_0を阻止電圧という。この測定結果を，横軸に光の振動数ν，縦軸に阻止電圧V_0をとってグラフ化したものを図5に示す。

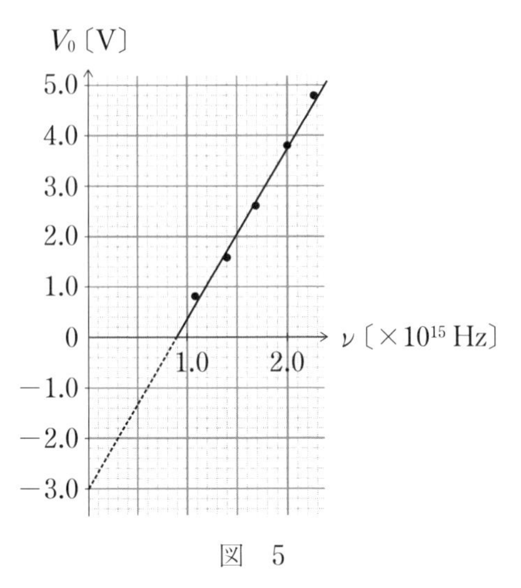

図　5

問2　図3と図5に注目すると，実験1で陰極Kに当てた光の振動数はいくらか。最も近い値を下の①〜⑥のうちから一つ選べ。
[28] Hz

① 3.0×10^{14}　② 9.0×10^{14}　③ 1.2×10^{15}
④ 1.5×10^{15}　⑤ 1.8×10^{15}　⑥ 2.1×10^{15}

問3　図4または図5に基づく考察として合理的**でない**ものを，下の①〜④のうちから一つ選べ。[29]

① 光量が多いほど，陰極Kから飛び出す光電子の個数が多くなる。
② 陰極Kから飛び出す光電子の速さは光量によらない。
③ 光の振動数が大きいほど，陰極Kから飛び出す光電子の速さが大きくなる。
④ 陰極Kに対する陽極Pの電位が高いほど，陰極Kから飛び出す光電子の個数が多くなる。

問4　図5の考察をもとに，プランク定数 h を求めてみよう。

次の文章中の空欄 ア ・ イ に入れる数式の組合せとして最も適当なものを，次の①～⑥のうちから一つ選べ。 30

陰極Kから飛び出す光電子の運動エネルギーの最大値 K_0 は，照射する光の振動数 ν や仕事関数 W を用ると，$K_0 =$ ア と表せる。また，阻止電圧 V_0 を用いると，$K_0 =$ イ とも表せる。

	ア	イ
①	$h\nu + W$	eV_0
②	$h\nu + W$	$\frac{V_0}{e}$
③	$h\nu - W$	eV_0
④	$h\nu - W$	$\frac{V_0}{e}$
⑤	$W - h\nu$	eV_0
⑥	$W - h\nu$	$\frac{V_0}{e}$

上の考察より，図5から得られるプランク定数 h の値はいくらか。最も適当なものを，次の①～⑥のうちから一つ選べ。ただし，電気素量を $e = 1.6 \times 10^{-19}$ C とする。$h =$ 31 J·s

①　5.5×10^{-34}　②　6.8×10^{-34}　③　7.4×10^{-34}
④　8.1×10^{-34}　⑤　1.0×10^{-33}　⑥　2.7×10^{-33}

予想問題・第2回

100点満点／60分

物　　理

（解答番号 1 ～ 29 ）

第１問　次の問い（問１～５）に答えよ。（配点　25）

問１　軽いゴムロープの一端をたわまない頑丈な台に，他端を人にそれぞれ固定し，ゴムロープがたるんでいる状態で，人が台から初速度0で鉛直下向きに飛び降りた。このときの人の運動について考える。このゴムロープは，たるんでいるときは力を及ぼさないが，伸びているときはフックの法則にしたがう弾性力を及ぼすものとする。人が飛び降りた時刻を時刻 $t=0$ として，縦軸に加速度 a，横軸に時刻 t をとった a-t グラフ，および縦軸に速度 v，横軸に時刻 t をとった v-t グラフの概形を表すものとして最も適当なものを，次の①～⑥のうちからそれぞれ一つずつ選べ。ただし，加速度，速度は鉛直下向きを正とし，人は鉛直方向にのみ運動するものとする。また，人の大きさや，空気抵抗は無視できるものとし，人が台に衝突することはないものとする。

図　1

a–t グラフ：[1]

v–t グラフ：[2]

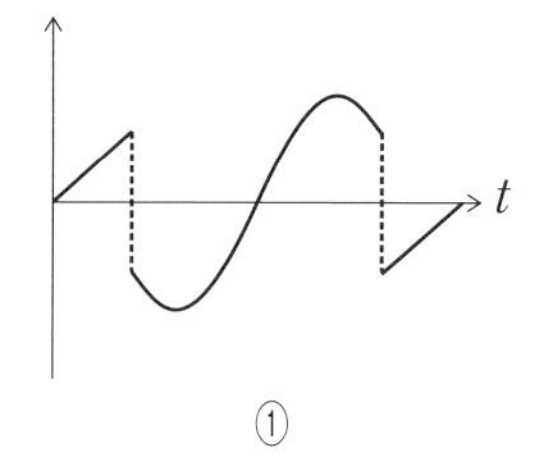

①

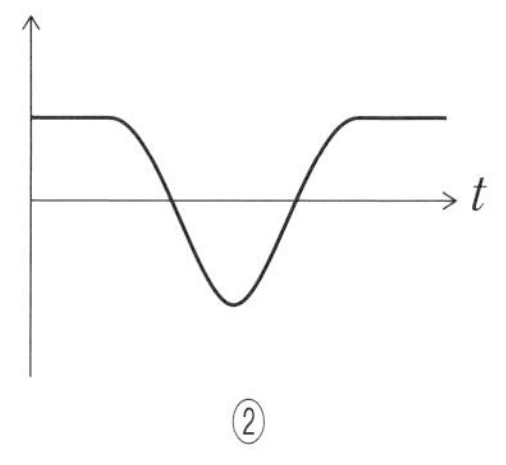

②

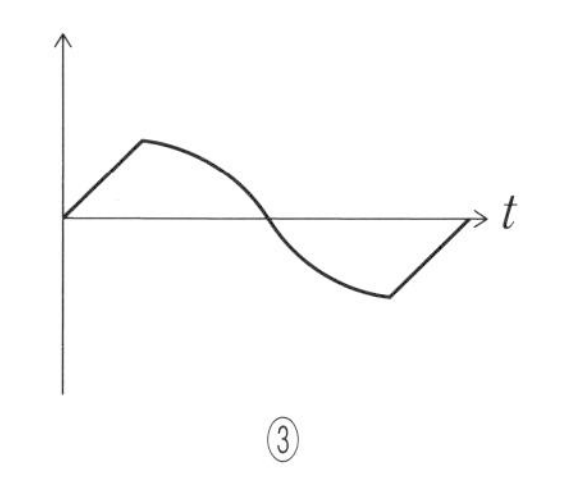

③

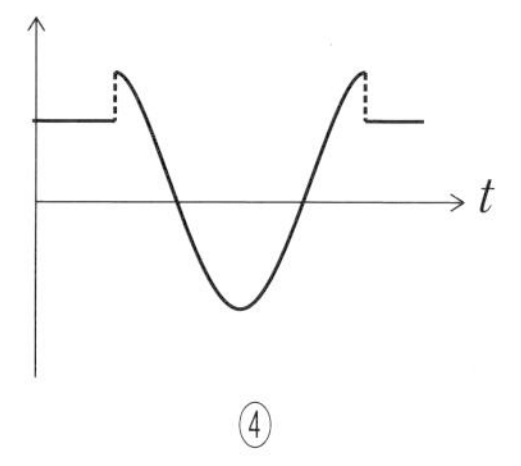

④

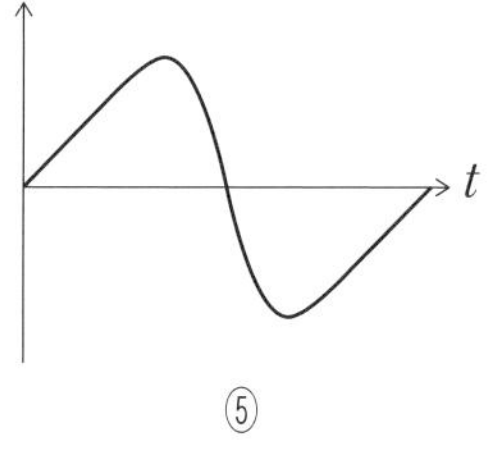

⑤

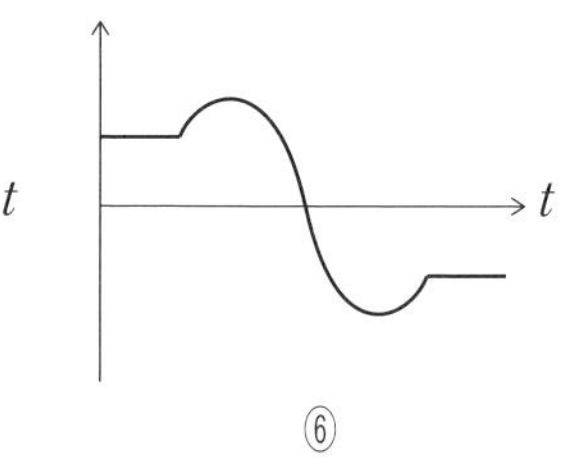

⑥

問2　手回し発電機は，ハンドルを回転させることによって起電力を発生させる装置である。図2のように，この手回し発電機に，電気容量が1Fのコンデンサーと，豆電球を直列に接続した後，手回し発電機のハンドルを一定の速さで回転させ，生じる起電力が一定となるようにした。このとき，ハンドルの手ごたえと，豆電球の明るさの変化について正しく表している文として適当なものを下の①〜⑥のうちから一つ選べ。ただし，コンデンサーにははじめ電荷は蓄えられていなかったものとする。 [3]

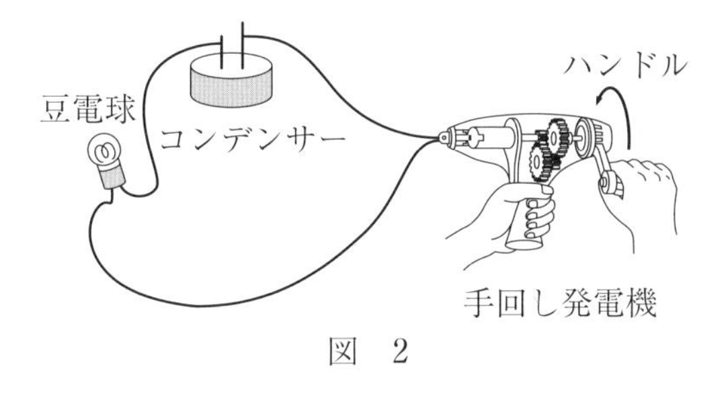

図　2

① ハンドルの手ごたえは次第に軽くなっていき，豆電球ははじめに比べて次第に暗くなる。

② ハンドルの手ごたえは次第に軽くなっていき，豆電球ははじめに比べて次第に明るくなる。

③ ハンドルの手ごたえは次第に軽くなっていき，豆電球の明るさは常に一定となる。

④ ハンドルの手ごたえは次第に重くなっていき，豆電球ははじめに比べて次第に暗くなる。

⑤ ハンドルの手ごたえは次第に重くなっていき，豆電球ははじめに比べて次第に明るくなる。

⑥ ハンドルの手ごたえは次第に重くなっていき，豆電球の明るさは常に一定となる。

問3　次の文章中の空欄に当てはまる語句の組合せとして最も適当なものを，下の①～⑥のうちから一つ選べ。［ 4 ］

図3のように，鉛直上向きの一様な磁場中において，磁場に垂直に正の電荷をもつ荷電粒子を入射させたところ，荷電粒子はある水平面内で等速円運動をした。荷電粒子の速さを2倍にすると，円運動の半径は［ ア ］，周期は［ イ ］。ただし，重力の影響は無視するものとする。

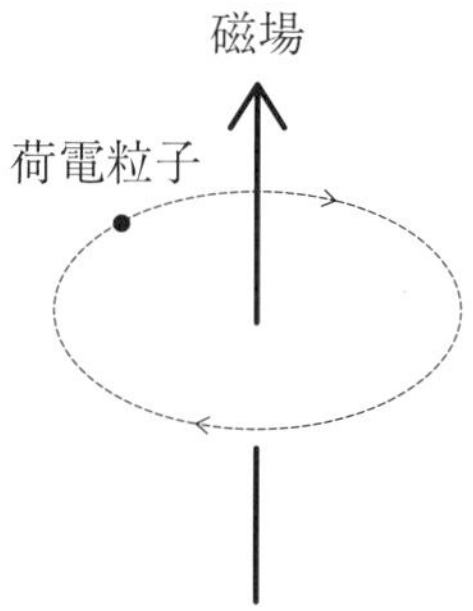

磁場

荷電粒子

図　3

	ア	イ
①	2倍になり	2倍になる
②	2倍になり	変わらない
③	2倍になり	$\frac{1}{2}$倍になる
④	4倍になり	2倍になる
⑤	4倍になり	変わらない
⑥	4倍になり	$\frac{1}{2}$倍になる

問4　図4のようにx軸，y軸をとったスクリーンと，ガラス板の片面に多数の平行な溝を等間隔に引いた回折格子を設置した。回折格子の溝の方向はスクリーンのx軸と平行である。この回折格子の面に垂直に，赤と青のレーザー光をスクリーンの原点Oに向けて入射させたところ，スクリーン上に赤と青の明点が見られた。なお，原点Oは赤と青の明点が重なっていた。スクリーン上に現れた明点の様子を表したものとして，最も適当なものを①～⑥のうちから一つ選べ。ただし，レーザー光の幅は溝の間隔に比べて大きいものとする。 [5]

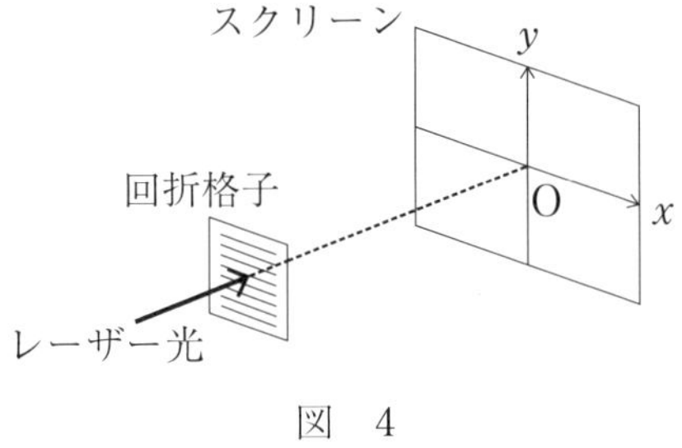

図　4

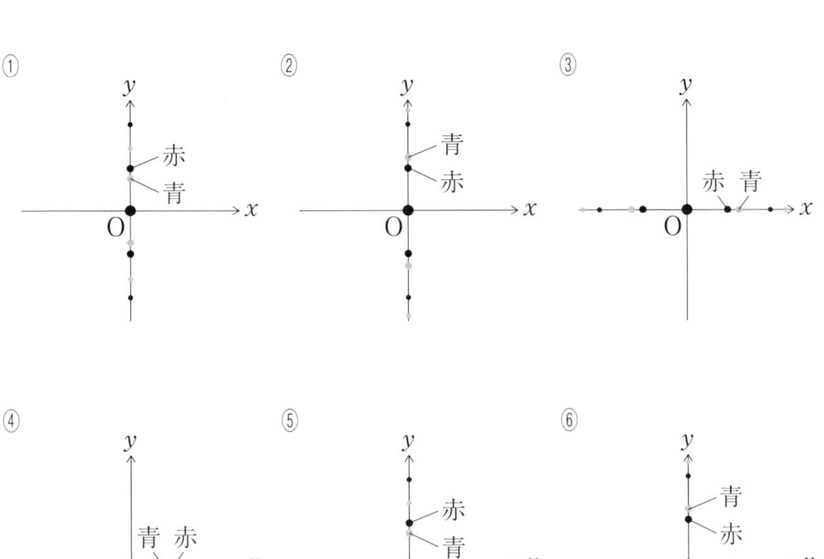

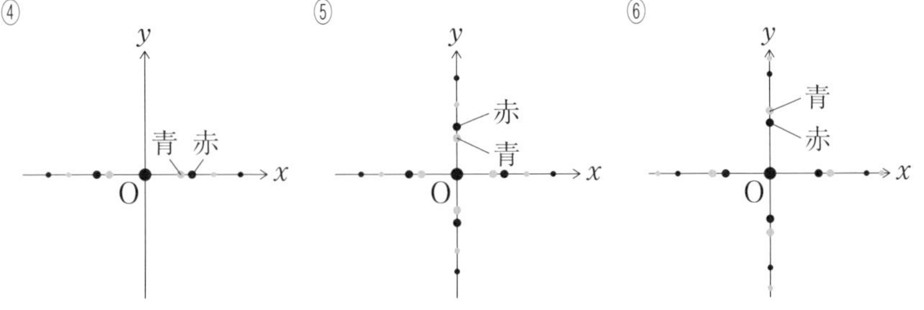

問5 次の文章中の空欄 [6] ～ [9] に入れる数字として最も適当なものを，下の①～⓪のうちから一つずつ選べ。ただし，同じものを繰り返し選んでもよい。

量子数 n_1 の定常状態にある水素原子が，量子数 n_2 $(<n_1)$ の定常状態に移る際に放射される光の振動数 ν は，

$$\nu = K\left(\frac{1}{{n_2}^2} - \frac{1}{{n_1}^2}\right)$$

と表され，$n_2=2$ の場合の一連の光をバルマー系列という。このバルマー系列の光の振動数のうち，最も大きい値が 8.3×10^{14} Hz であったとして，定数 K を有効数字2桁で表すと，

$K=$ [6] . [7] $\times 10^{[\ 8\ ][\ 9\ ]}$

である。

① 1　② 2　③ 3　④ 4　⑤ 5
⑥ 6　⑦ 7　⑧ 8　⑨ 9　⓪ 0

第２問　次の文章（A・B）を読み，（問１～６）に答えよ。（配点　30）

A　半径 r のなめらかな器壁をもつ球形の容器内に，質量 m の単原子分子の理想気体が１モル入っている。

問１　容器内の気体分子が容器の器壁に弾性衝突を繰り返すことで，器壁に力を及ぼしている。この力の大きさを求めてみよう。

次の文章中の空欄 ア ・ イ に入れる記号と式の組合せとして最も適当なものを，下の①～⑨のうちから一つ選べ。 10

速さ v で運動する分子１個に注目する。図１のように，分子が半径方向に対して角度 θ で器壁に衝突した際に，器壁に与える力積の向きは ア で，大きさは イ である。

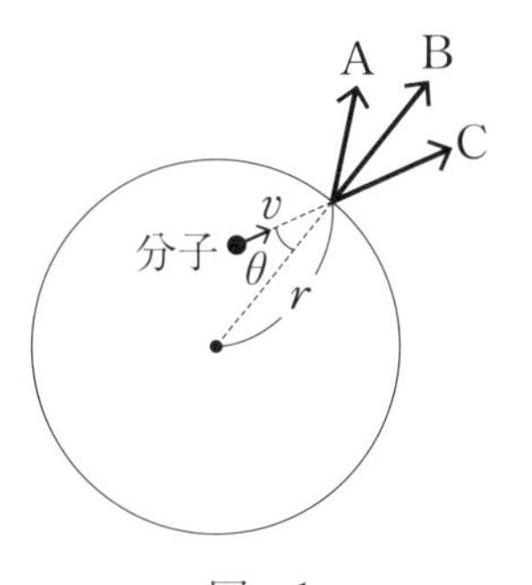

図　1

	ア	イ
①	A	$2mv$
②	A	$2mv\sin\theta$
③	A	$2mv\cos\theta$
④	B	$2mv$
⑤	B	$2mv\sin\theta$
⑥	B	$2mv\cos\theta$
⑦	C	$2mv$
⑧	C	$2mv\sin\theta$
⑨	C	$2mv\cos\theta$

次の文章中の空欄 ウ ・ エ に入れる式の組合せとして最も適当なものを，下の①〜⑨のうちから一つ選べ。 11

この分子が器壁に衝突してから再び衝突するまでに進む距離は ウ であることから，この分子が器壁に与える平均の力の大きさは エ となる。

よって，1モルの気体分子が器壁に及ぼす力の大きさは，気体分子の平均の速さが v であるとすれば， エ にアボガドロ定数をかけたものになる。

	ウ	エ
①	$2r$	$\dfrac{mv^2}{r}$
②	$2r$	$\dfrac{mv^2}{r}\sin\theta$
③	$2r$	$\dfrac{mv^2}{r}\cos\theta$
④	$2r\sin\theta$	$\dfrac{mv^2}{r}$
⑤	$2r\sin\theta$	$\dfrac{mv^2}{r}\sin\theta$
⑥	$2r\sin\theta$	$\dfrac{mv^2}{r}\cos\theta$
⑦	$2r\cos\theta$	$\dfrac{mv^2}{r}$
⑧	$2r\cos\theta$	$\dfrac{mv^2}{r}\sin\theta$
⑨	$2r\cos\theta$	$\dfrac{mv^2}{r}\cos\theta$

問2　次の文章中の空欄 オ ・ カ に入れる式の組合せとして最も適当なものを，次の①〜⑥のうちから一つ選べ。 12

k_1 および k_2 を，v^2 や容器の体積 V によらない定数とすると，気体の圧力の大きさ P は，$P = k_1$ オ ，温度 T は，$T = k_2$ カ と表せる。

	オ	カ
①	$\frac{v^2}{V}$	$\frac{v^2}{V}$
②	$\frac{v^2}{V}$	v^2
③	$\frac{v^2}{V}$	Vv^2
④	v^2	$\frac{v^2}{V}$
⑤	v^2	v^2
⑥	v^2	Vv^2

問3　図2のように，2つの容器がコックのついた細い管でつながれている。はじめ，コックは閉じられていて，一方の容器には気体が閉じ込めてあり，もう一方の容器は真空である。コックを開くと気体が全体に広がった。このときの気体の圧力，温度は，はじめの気体の圧力，温度と比べてどうなるか。変化の組合せとして最も適当なものを次の①～④のうちから一つ選べ。ただし，容器，コックは熱を通さないものとする。 13

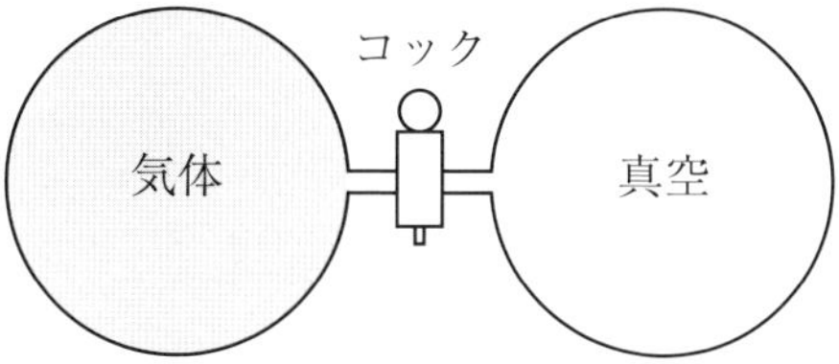

図　2

	圧力	温度
①	低くなる	低くなる
②	低くなる	変わらない
③	変わらない	低くなる
④	変わらない	変わらない

B　ある量の単原子分子の理想気体がピストンでシリンダー内に閉じ込められている。この気体を図3に示すように，状態A→状態B→状態C→状態A→…と変化させ，熱機関とした。

図　3

問4　気体の体積と温度の関係を表す図として最も適当なものを，下の①～④のうちから一つ選べ。 14

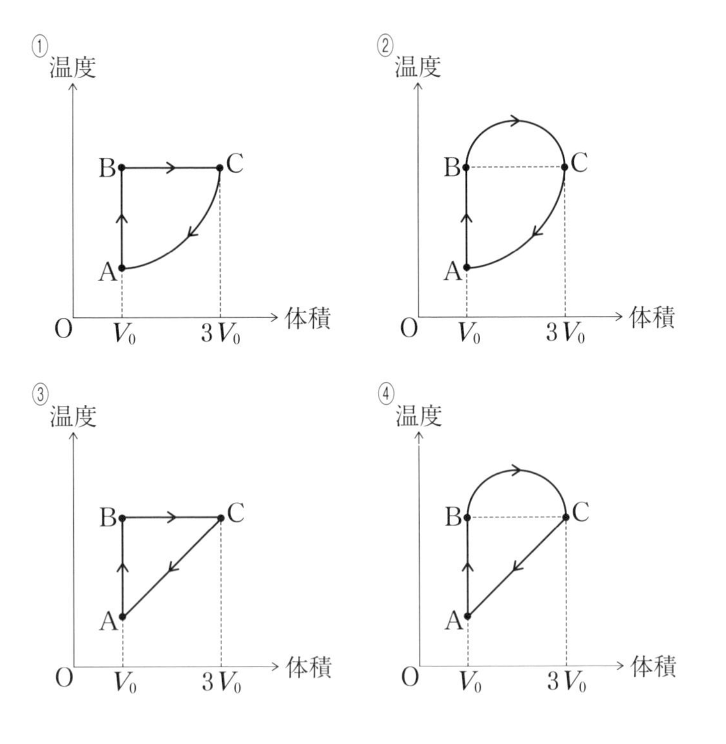

問5　状態Bから状態Cの変化について，Bから途中の状態Dまでは，気体は熱を吸収し，DからCまでは熱を放出する。BからDの変化において気体が吸収した熱量をQとすると，この熱機関の熱効率を表す式として正しいものを，次の①～⑥のうちから一つ選べ。 15

① $\dfrac{2P_0V_0}{Q-2P_0V_0}$　② $\dfrac{2P_0V_0}{Q+3P_0V_0}$　③ $\dfrac{2P_0V_0}{Q+5P_0V_0}$

④ $\dfrac{4P_0V_0}{Q-2P_0V_0}$　⑤ $\dfrac{4P_0V_0}{Q+3P_0V_0}$　⑥ $\dfrac{4P_0V_0}{Q+5P_0V_0}$

問6　熱機関は自動車のガソリンエンジンなどに利用されている。ガソリン1Lの燃焼によって得られる熱量が3.3×10^7J，熱効率が30%のガソリンエンジンがあるとする。タイヤの回転によって自動車の運動方向に加わる力(駆動力)の大きさが1.5×10^3Nで一定であるとすると，ガソリン1Lあたり走行できる距離はいくらか。次の空欄 16 ～ 18 に入れる数字として最も適当なものを，下の①～⓪のうちから一つずつ選べ。ただし，同じものを繰り返し選んでもよい。また，自動車は水平な道路上を一定速度で走行しているとし，転がり抵抗や空気抵抗といった駆動力以外の力の影響は無視してよい。

16 . 17 ×10^(18) m

① 1　② 2　③ 3　④ 4　⑤ 5
⑥ 6　⑦ 7　⑧ 8　⑨ 9　⓪ 0

問題編
共通テスト・第1日程
予想問題・第1回
予想問題・第2回
予想問題・第3回

第3問 次の文章(A・B)を読み，以下の問い(問1～5)に答えよ。(配点 25)

A 図1のように，スーパーボール(ゴム製のボール)をドアに接した状態で床に置いたところ，ドアを閉めようとしても閉まらなかった。これはスーパーボールがドアストッパーの働きをしているためである。

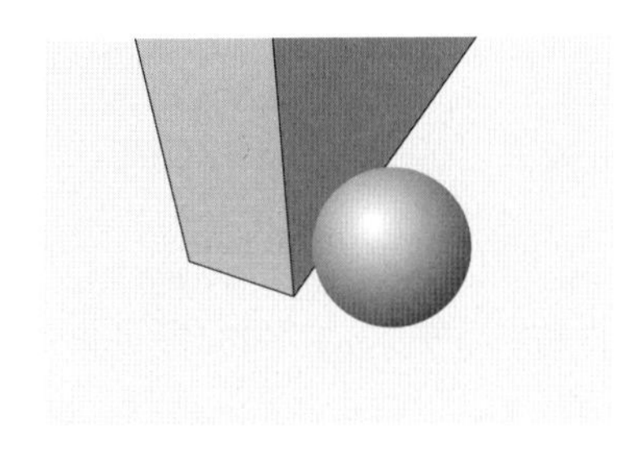

図 1

ボールに働く力に注目して，この仕組みを考えてみよう。ボールに働く力には，ボールの重力 W，ドアから押される力(垂直抗力)F，ドアとの間の静止摩擦力 f_1，床からの垂直抗力 N，床との間の静止摩擦力 f_2 がある。なお，ボールの変形は小さく，図2のように完全な球体と見なす。

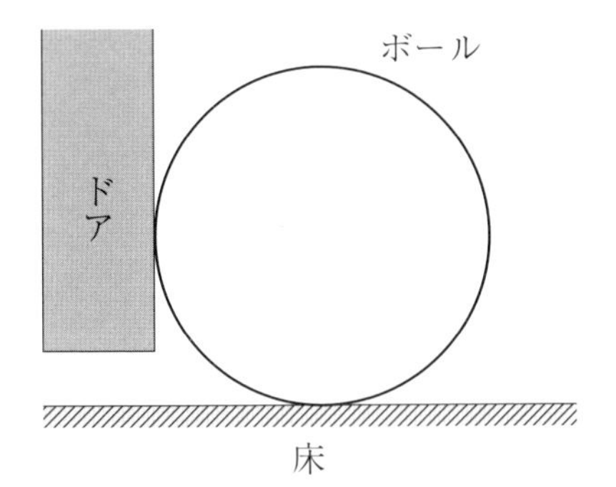

図 2

問1　力のつり合いと，力のモーメントのつり合いより，Fと大きさが等しい力はどれか。最も適当なものを，下の①～⑦のうちから一つ選べ。 19

① f_1のみ　② f_2のみ　③ Nのみ　④ f_1とf_2
⑤ f_1とN　⑥ f_2とN　⑦ f_1とf_2とN

問2　ボールに働く力を図示したものとして最も適当なものを，下の①～⑧のうちから一つ選べ。 20

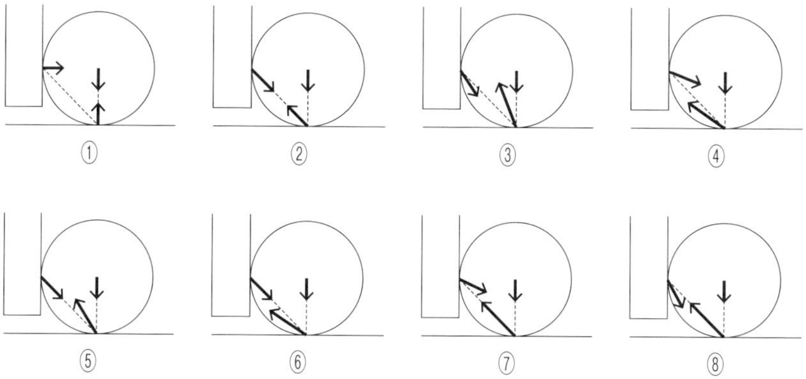

①　②　③　④

⑤　⑥　⑦　⑧

問3　ドアとボール，およびボールと床との間の静止摩擦係数が等しいとすると，ボールをドアストッパーとして利用できるためには，静止摩擦係数がいくら以上であればよいか。その最小値として最も適当なものを，下の①～⑦のうちから一つ選べ。 21

① 1　② $\sqrt{2}$　③ $\dfrac{1}{\sqrt{2}}$　④ $\dfrac{2}{\sqrt{3}}$　⑤ $\dfrac{\sqrt{3}}{2}$　⑥ 2　⑦ $\dfrac{1}{2}$

B 床からの高さ h を変えてボールを水平な床面に自由落下させ，はね上がる最大の高さ h' を測定する実験を繰り返したところ，以下の表の結果が得られた。この結果を，横軸に h，縦軸に h' をとってグラフ化すると図3のようになった。ボールの大きさや空気抵抗は無視できるものとして以下の問いに答えよ。

表　1

h〔cm〕	h'〔cm〕
30.0	25.1
40.0	32.8
50.0	40.5
60.0	47.0
70.0	54.2

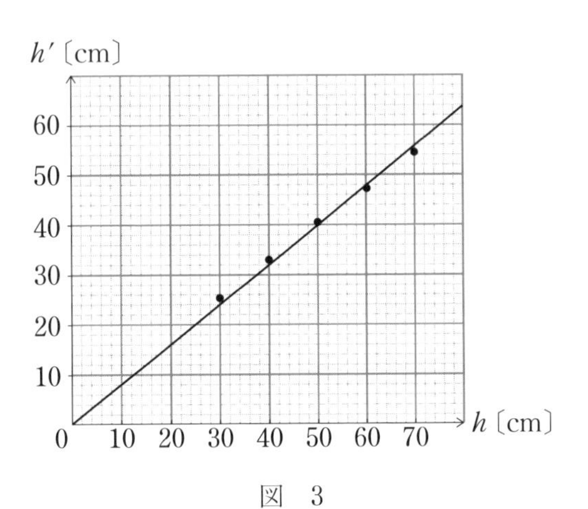

図　3

問4　次の文章中の空欄 ア ～ ウ に入れる式の組合せとして最も適当なものを，下の①～⑥のうちから一つ選べ。重力加速度の大きさを g とする。 22

床面に衝突する直前のボールの速さ v は，高さ h を用いて ア と表すことができ，はね返った直後の速さ v' は，はね上がった高さ h' を用いて イ と表せる。よって，この実験から，衝突直前直後の速さの比 $\frac{v'}{v}$ は，h と h' を用いて ウ と表され，図3からこの比の値は一定となることがわかる。

	ア	イ	ウ
①	$\sqrt{\dfrac{2h}{g}}$	$\sqrt{\dfrac{h'}{g}}$	$\dfrac{h'}{2h}$
②	$\sqrt{\dfrac{2h}{g}}$	$\sqrt{\dfrac{2h'}{g}}$	$\sqrt{\dfrac{h'}{h}}$
③	$\sqrt{\dfrac{2h}{g}}$	$\sqrt{\dfrac{2h'}{g}}$	$\dfrac{h'}{h}$
④	$\sqrt{2gh}$	$\sqrt{gh'}$	$\dfrac{h'}{2h}$
⑤	$\sqrt{2gh}$	$\sqrt{2gh'}$	$\sqrt{\dfrac{h'}{h}}$
⑥	$\sqrt{2gh}$	$\sqrt{2gh'}$	$\dfrac{h'}{h}$

問5　今度は，床からの高さが50 cm の位置から，速さ2.0 m/s でボールを鉛直下向きに投げ下ろすことを考える。この場合においても，問4と同様に，床に衝突する直前の速さと直後の速さの比が一定であると仮定すれば，ボールはいくらの高さまではね上がると予想されるか。最も近いものを，下の①～⑥のうちから一つ選べ。ただし，重力加速度の大きさを9.8 m/s^2 とする。 23

①　36 cm　②　40 cm　③　47 cm　④　51 cm　⑤　56 cm　⑥　63 cm

第4問 次の問い(**問1～3**)に答えよ。(配点 20)

手回し発電機のハンドルを一定の速さで回転させると，ほぼ一定の起電力が生じるが，手回し発電機の端子に電池をつなげると，手をはなしていてもハンドルが回転する。このとき，手回し発電機に流れる電流および，かかる電圧がどうなっているかを調べるため，以下の実験を行った。

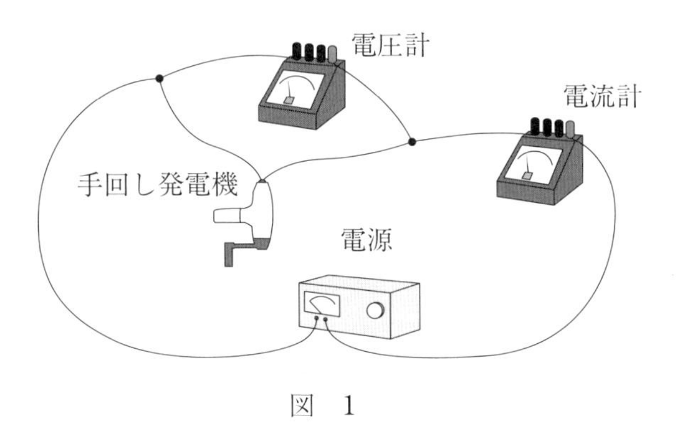

図 1

図1のように，手回し発電機と電圧を変えられる電源，電圧計，電流計を接続した回路がある。電源の電圧を0Vから徐々に増加させたところ，電圧が低いうちは手回し発電機のハンドルは回転しなかったが，電圧計，電流計の指示値がそれぞれ1.1V，0.28Aになったとき，ハンドルが回転し始めた。それと同時に，電流計の指示値が急に減少した。そこから電源の電圧を減少させていくと，電流計の指示値が0.10Aになるまで電流が減少したところでハンドルの回転は止まった。逆に，電源の電圧を増加させていくと，電流が増加していき，ハンドルの回転は速くなっていった。この電圧と電流の関係をグラフにしたものを図2に示す。電圧計に流れる電流および，電源と電流計の内部抵抗は無視してよい。

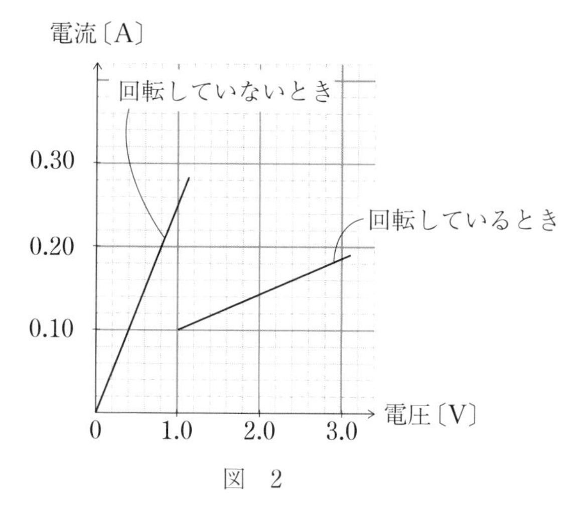

図　2

この実験結果について話し合った。

「なぜ，手回し発電機のハンドルが回り出すと同時に電流が減少するのだろう。」

「そもそも，手回し発電機はどんな構造になっているのかな。」

「手回し発電機の中にはモーターが入っているね。モーターはコイルと磁石からできているよ。」

「ということは，手回し発電機のハンドルが回転することによって生じる起電力は，コイルに生じる誘導起電力だね。」

そこで，手回し発電機を次のようなモデルに置き換えて考えてみよう。

図3のように，鉛直下向きで，磁束密度の大きさがBの磁場中において，起電力がEの直流電源を，電流計と，間隔がdで水平方向に延びた十分長い導体のレールに接続し，レールに垂直に質量がm，抵抗値がRの導体棒をレールに垂直に置き，手で支えておく。レールと導体棒の接点をP，Qとする。図3はこれを鉛直上方から見た図である。ここで，導体棒とレールとの間の摩擦，導体棒以外の抵抗はすべて無視する。

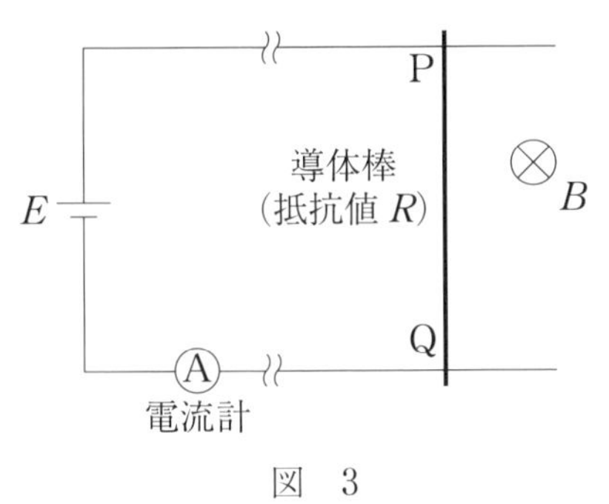

図 3

問 1 次の文章中の空欄 ア ～ ウ に入れる語句と式の組合せとして最も適当なものを，下の①～⑧のうちから一つ選べ。 24

導体棒から静かに手をはなすと，導体棒は ア 向きに動き出す。導体棒の速さが v になったとき，導体棒に生じる誘導起電力の大きさ V は イ となり，電流計を流れる電流は ウ となる。このことから，導体棒の運動を手回し発電機のハンドルの回転に置き換えれば，ハンドルが回転し始めたときに電流が減少することが理解できる。

	ア	イ	ウ
①	左	vBd	$\dfrac{E+V}{R}$
②	左	vBd	$\dfrac{E-V}{R}$
③	左	$\dfrac{v}{Bd}$	$\dfrac{E+V}{R}$
④	左	$\dfrac{v}{Bd}$	$\dfrac{E-V}{R}$
⑤	右	vBd	$\dfrac{E+V}{R}$
⑥	右	vBd	$\dfrac{E-V}{R}$
⑦	右	$\dfrac{v}{Bd}$	$\dfrac{E+V}{R}$
⑧	右	$\dfrac{v}{Bd}$	$\dfrac{E-V}{R}$

今度は，図4のように，電圧が3.0 V で一定の電池と，ともに図2で示される電流―電圧特性をもつ2つの手回し発電機 G_1，G_2 と，スイッチを直列に接続した。電池の内部抵抗は無視してよい。

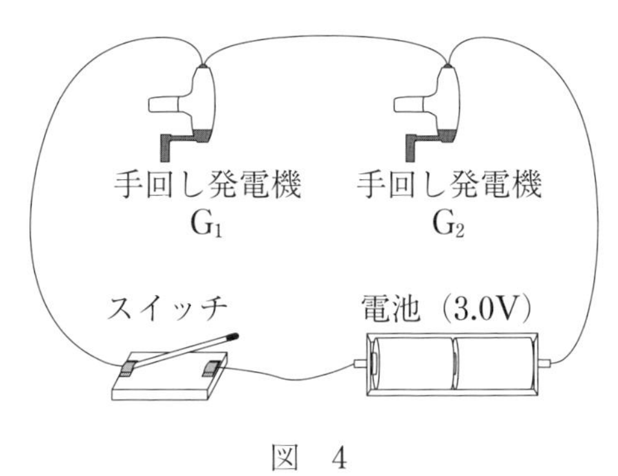

図 4

スイッチを閉じたところ，2つの手回し発電機 G_1, G_2 のハンドルが回転した。

問2　図2を利用し，この回路に流れる電流の大きさとして最も適当なものを，下の①～⑥のうちから一つ選べ。 25 A

① 0.10　② 0.12　③ 0.14　④ 0.16　⑤ 0.18　⑥ 0.20

問3 次の文章中の空欄 26 ～ 29 に入れる数値または文として最も適当なものを，それぞれの直後の｛　｝に囲んだ選択肢のうちから一つずつ選べ。

G_1 のハンドルの回転を手で強制的に止める。図2より，ハンドルが**回転していないとき**の G_1 の抵抗値が 26 Ω｛① 0.25　② 2.5　③ 4.0　④ 6.0｝であることを考えると，回路に流れる電流は 27 A｛① 0.10　② 0.12　③ 0.16　④ 0.19｝となり，

G_2 のハンドルは 28 ｛
① 回転しなくなる
② G_1 を止める前より速く回転する
③ G_1 を止める前より遅く回転する
④ G_1 を止める前と同じ速さで回転する
｝。

さらに，G_1 のハンドルから手をはなすと，

G_1 のハンドルは 29 ｛
① 止まったままになる
② G_1 を止める前より速く回転する
③ G_1 を止める前より遅く回転する
④ G_1 を止める前と同じ速さで回転する
｝。

予想問題・第3回

100点満点／60分

物　　理

（解答番号 1 ～ 28 ）

第1問　次の問い(問1～5)に答えよ。(配点　25)

問1　質量は等しいが，はね返り係数が異なるボールA，Bをそれぞれ同じ高さから自由落下させ，水平な床に衝突する際に床に与える力積について考える。ボールAと床とのはね返り係数は0.80であり，ボールBはほとんどはね返らず，はね返り係数は0と見なせる。ボールA，Bが1回目の衝突で床に与える力積をそれぞれI_A，I_Bとすると，$\frac{I_A}{I_B}$はいくらか。最も適当なものを，下の①～⑧のうちから一つ選べ。ただし，空気抵抗は無視する。 1

① 0.20　　② 0.40　　③ 0.80　　④ 1.0
⑤ 1.2　　⑥ 1.6　　⑦ 1.8　　⑧ 2.0

問2　図1のように，電圧の振幅は一定で，周波数を自由に変えられる交流電源と，コイル，コンデンサー，性質が同じ電球L_1，L_2，L_3を接続した。電源の電圧の周波数を変化させていくと，それぞれの電球の明るさはどのように変化するか。電源の電圧の周波数と，電球L_1，L_2，L_3の明るさの関係を表すグラフの組合せとして最も適当なものを，下の①～⑥のうちから一つ選べ。 2

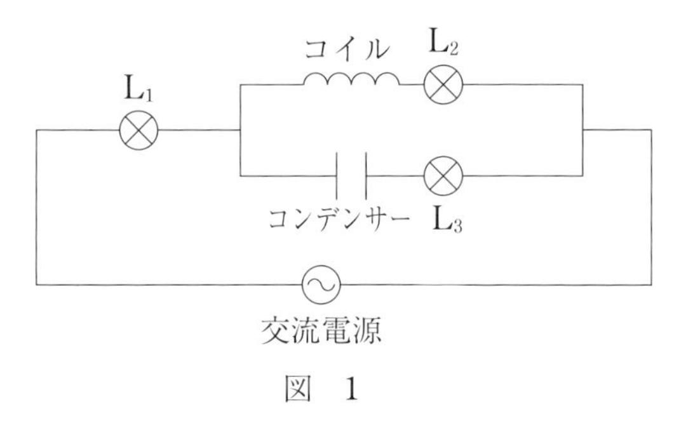

図　1

	L_1	L_2	L_3
①	ウ	ア	イ
②	エ	ア	イ
③	オ	ア	イ
④	ウ	イ	ア
⑤	エ	イ	ア
⑥	オ	イ	ア

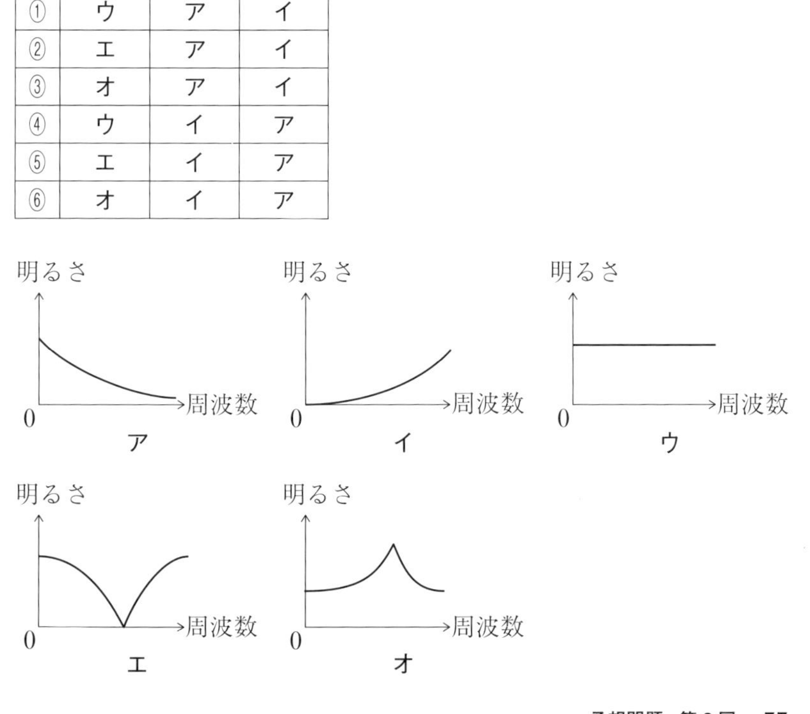

問3 次の文章中の空欄 3 , 4 に入れる記号または数値として最も適当なものを，それぞれの直後の｛ ｝に囲んだ選択肢のうちから一つずつ選べ。

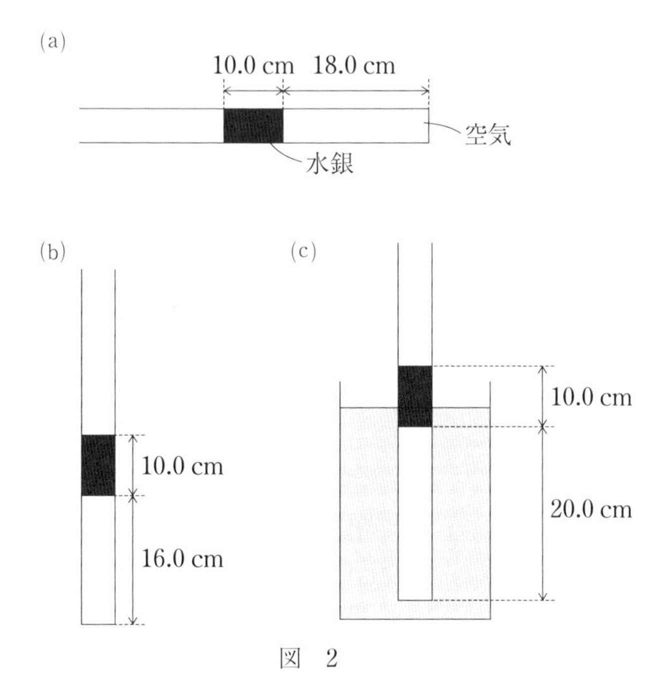

図 2

一端を閉じた太さが一様なガラス管に，水銀を 10.0 cm の長さになるように入れて，図 2(a)のように水平にしたところ，空気部分の長さは 18.0 cm であった。次に，ガラス管を図 2(b)のように鉛直にしたところ，空気部分の長さは 16.0 cm であった。このとき，水銀の下に閉じ込められている空気の圧力は，大気圧の **3** { ① 0.93　② 1.1　③ 1.3　④ 1.5 } 倍である。

ただし，この過程において気体の温度は室温の 280 K で一定であったとする。また，空気は理想気体と見なしてよい。

次に，図 2(c)のように，このガラス管を，閉じた端が下になるようにして，温度を一定に保ったお湯の入った容器に入れたところ，水銀が上に移動し，空気部分の長さは 20.0 cm になり，安定した。このときの水銀の下に閉じ込められた空気の温度は **4** { ① 315　② 330　③ 340　④ 350 } K である。

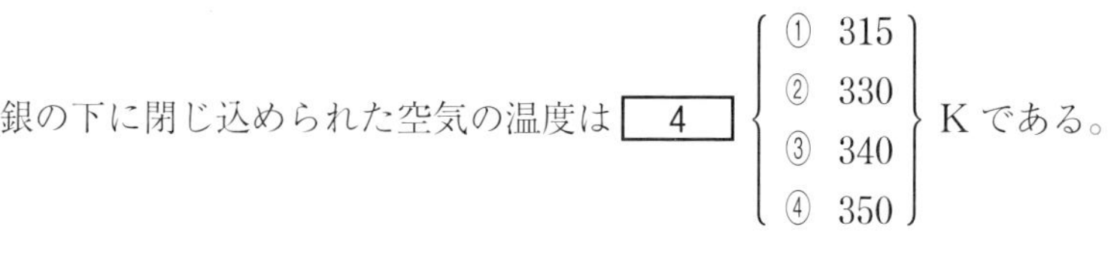

問4 次の文章中の空欄 ア ・ イ に入れる語句の組合せとして最も適当なものを，下の①～④のうちから一つ選べ。 5

デジタルカメラでは，図3(a)のように，撮影する物体の実像をセンサー上に結ぶことにより撮影することができる。カメラのレンズはセンサーの前方をある範囲の間で移動し，ピントを調節できるようになっている。カメラの位置を固定し，遠くの物体にピントを合わせた。その後，カメラの位置を変えずに，より近くの物体を明瞭に撮影するためには，レンズをセンサー ア 向きに移動させればよい。

一方，ヒトの眼は，図3(b)のように，物体の実像を網膜というデジタルカメラのセンサーに相当する場所に結ぶ。レンズに相当する角膜や水晶体の位置は変化しないが，水晶体の厚さを変えて焦点距離を変化させることにより，ピントを調節できるようになっている。遠くの物体にピントを合わせ，明瞭に見える状態にした。その後，より近くの物体にピントを合わせて明瞭に見えるようにするためには，焦点距離を イ すればよい。

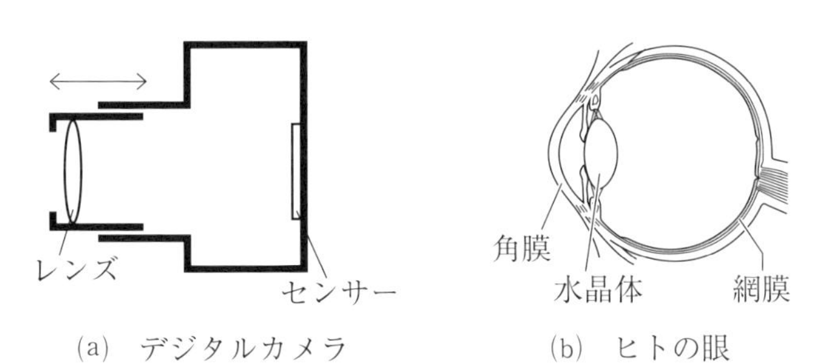

(a) デジタルカメラ　(b) ヒトの眼

図 3 デジタルカメラとヒトの眼の構造

	ア	イ
①	に近づける	大きく
②	に近づける	小さく
③	から遠ざける	大きく
④	から遠ざける	小さく

問5 次の文章中の空欄 6 に入れる記号として最も適当なものを，下の①～④のうちから一つ，空欄 7 に入れる選択肢として最も適当なものを，下の①～⑥のうちから一つ選べ。

$^{238}_{92}$U は放射性崩壊を繰り返し，最終的には 6 になる。また，この崩壊の過程で放出される α 線，β 線，γ 線が，下の図4のように磁場に対して垂直に入射したときの飛跡として正しい組合せは 7 である。ただし，各放射線は真空中において，図の真上の向きに放出されたものとする。

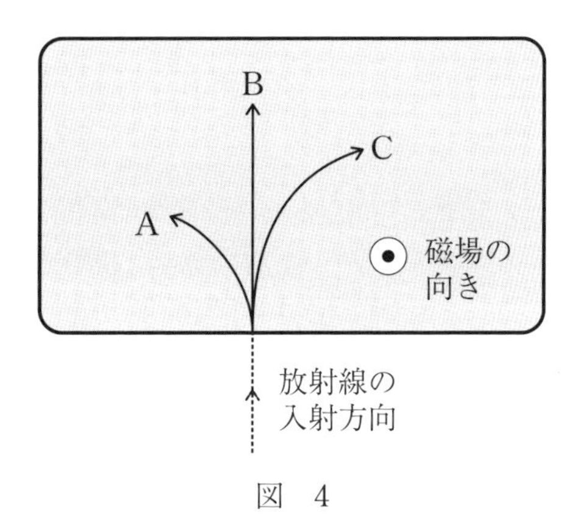

図 4

6 の選択肢

① $^{206}_{82}$Pb　② $^{207}_{82}$Pb　③ $^{208}_{82}$Pb　④ $^{209}_{82}$Pb

7 の選択肢

	α 線の飛跡	β 線の飛跡	γ 線の飛跡
①	A	B	C
②	A	C	B
③	B	A	C
④	B	C	A
⑤	C	A	B
⑥	C	B	A

問題編

共通テスト・第1日程

予想問題・第1回

予想問題・第2回

予想問題・第3回

第2問 次の文章(A・B)を読み，(問1～6)に答えよ。(配点　30)

A　図1のように，起電力が3.0 Vの電池，100 Ωの抵抗，自己インダクタンスが0.30 Hのソレノイドコイル，スイッチからなる回路がある。電池およびソレノイドコイルの内部抵抗は無視してよい。

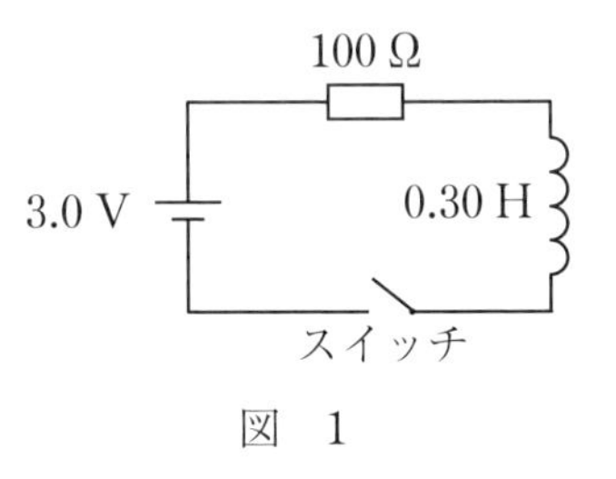

図　1

問1　スイッチを閉じてから十分に時間が経過したときの，コイルに蓄えられているエネルギーUを有効数字2桁で表すと，どのようになるか。次の式中の空欄 [8] ～ [10] に入れる数字として最も適当なものを，下の①～⓪のうちから一つずつ選べ。ただし，同じものを繰り返し選んでもよい。

$U=$ [8] . [9] $\times 10^{-}$ [10] J

[8] ～ [10] の解答群

① 1　　② 2　　③ 3　　④ 4　　⑤ 5
⑥ 6　　⑦ 7　　⑧ 8　　⑨ 9　　⓪ 0

図2のように，図1の回路に2つの同じ発光ダイオード(LED)A，Bを，向きを逆にして並列にしたものを回路に接続する。この発光ダイオードの順方向電圧と電流の関係を図3に示す。

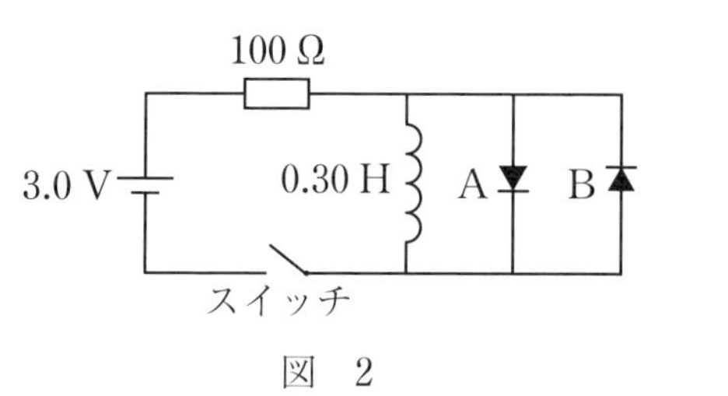

図　2

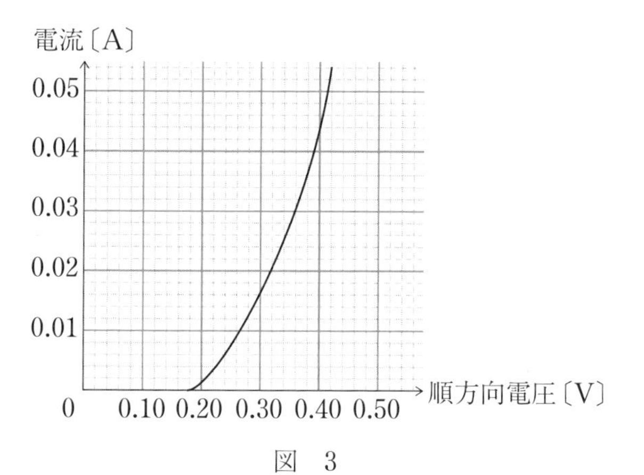

図　3

問2　次の文章中の空欄 ア ・ イ に入れる語句の組合せとして最も適当なものを下の①～⑨のうち一つ選べ。 11

スイッチを閉じて十分に時間が経過したとき，2つの発光ダイオードA，Bは ア ，スイッチを開いた直後に， イ 点灯した。

	ア	イ
①	Aのみ点灯し	Aのみ
②	Aのみ点灯し	Bのみ
③	Aのみ点灯し	A，Bともに
④	A，Bともに点灯し	Aのみ
⑤	A，Bともに点灯し	Bのみ
⑥	A，Bともに点灯し	A，Bともに
⑦	A，Bともに点灯せず	Aのみ
⑧	A，Bともに点灯せず	Bのみ
⑨	A，Bともに点灯せず	A，Bともに

問3　スイッチを閉じてから十分に時間が経過した後にスイッチを開いた場合，スイッチを開いた直後における2つの発光ダイオードの消費電力の合計はいくらか。最も適当なものを下の①～⑥のうちから一つ選べ。 12

① 1.1×10^{-2} W　② 2.6×10^{-2} W　③ 4.0×10^{-2} W
④ 3.2×10^{-4} W　⑤ 5.9×10^{-4} W　⑥ 8.1×10^{-4} W

B　図4のように，N極が右側になるように磁石を固定した台車をばねに取り付け，ばねが自然長となる位置から左に押し込み，静かに放して左右に振動させた。

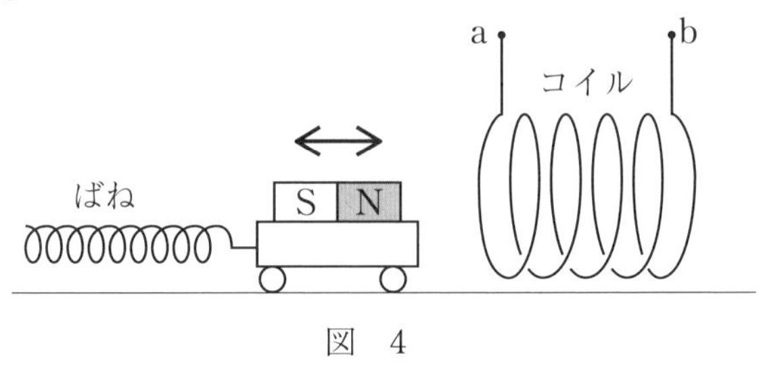

図　4

問4　ばねが自然長となるときの磁石の位置をOとして，右向きを正の向きとする。台車と磁石の位置が時間とともに図5のように変化するとき，コイルの端子a，b間に生じる電圧の時間変化を表すグラフとして最も適当なものを，次の①～④のうちから一つ選べ。ただし，端子bより端子aの電位が高いときの電圧を正とする。 13

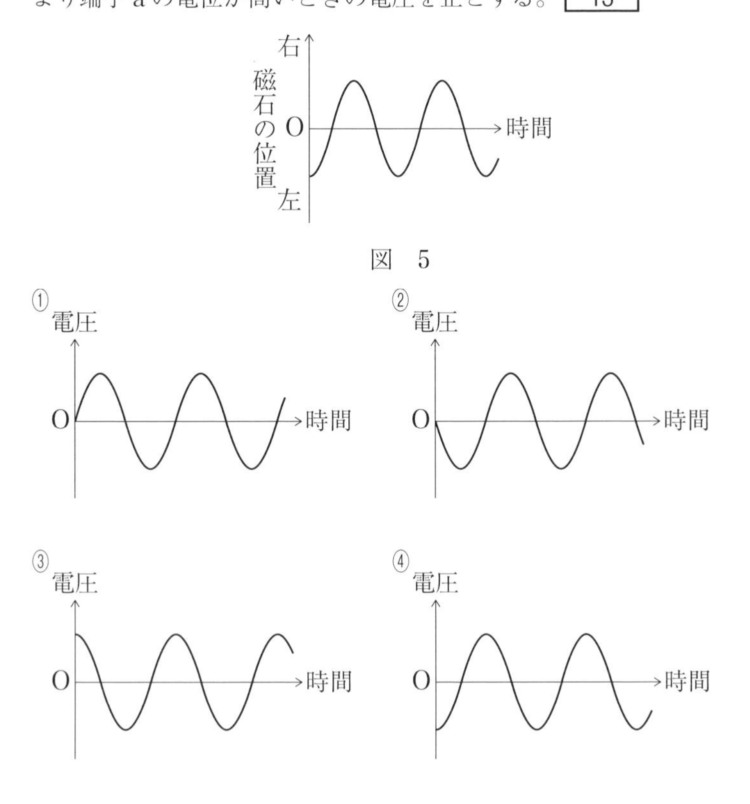

問5　次の文章中の空欄 ウ ・ エ に入れる語句の組合せとして最も適当なものを，下の①～⑨のうちから一つ選べ。 14

自然長が等しく，ばね定数の大きいばねに交換し，振幅が等しくなるようにして前と同様の実験を行ったとすると，コイルの電圧の変動の周期は ウ ，電圧の最大値は エ 。

	ウ	エ
①	長くなり	大きくなる
②	長くなり	小さくなる
③	長くなり	変わらない
④	短くなり	大きくなる
⑤	短くなり	小さくなる
⑥	短くなり	変わらない
⑦	変わらず	大きくなる
⑧	変わらず	小さくなる
⑨	変わらず	変わらない

問6　図6のように，コイルの端子a，b間に抵抗を接続した後で同様の実験を行った。このときの台車と磁石の運動は，抵抗を接続しないときと比べてどのようになるか。最も適当なものを下の①～④のうちから一つ選べ。 15

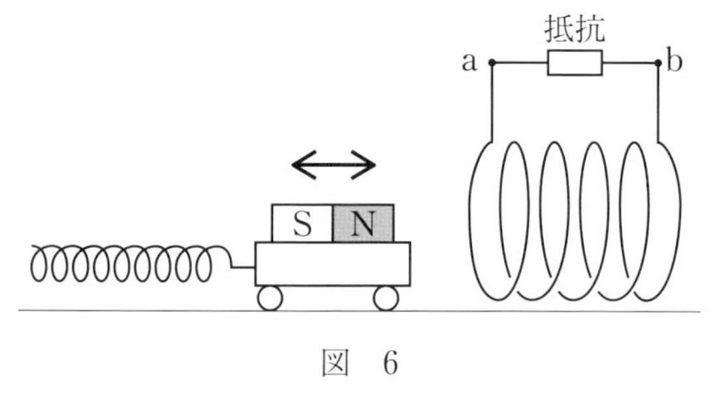

図　6

① 同じ単振動をする。

② 振動の中心が自然長の位置より左にずれた単振動をする。

③ 振動の中心が自然長の位置より右にずれた単振動をする。

④ 振幅が徐々に小さくなっていき，やがて静止する。

第3問 次の文章(A・B)を読み，以下の問い(**問1～5**)に答えよ。(配点　25)

A　ラジオの「ザー」という雑音をマイクで観測し，「スペクトラムアナライザ」を用いて，音波の各振動数ごとの強度を調べると，図1の結果が得られた。次に，図2のように，両端が開いた内径が2.0 cmの筒を通してマイクで観測し，同様にして，音波の各振動数ごとの強度を調べると，図3の結果が得られた。

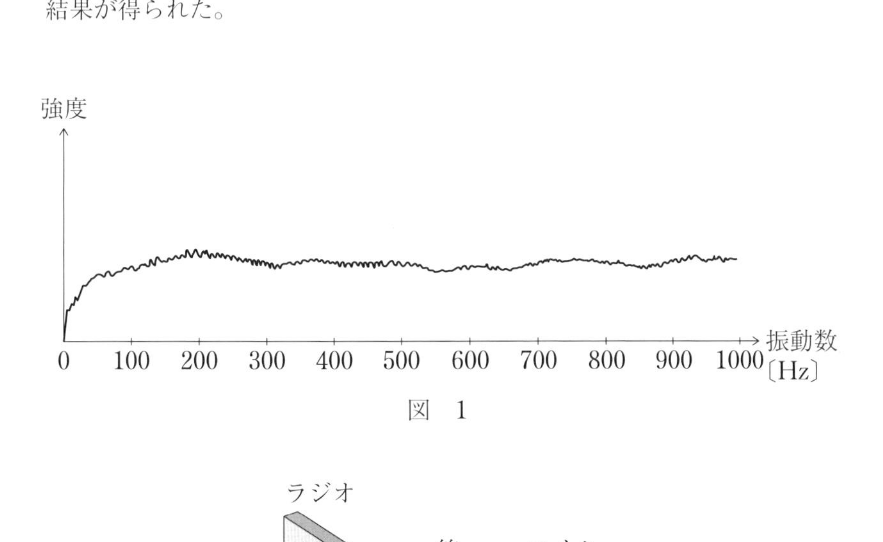

図　1

図　2

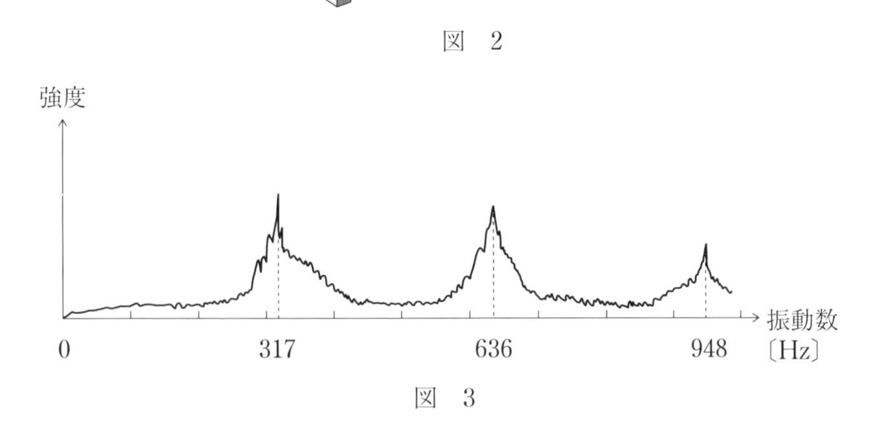

図　3

問1　次の文章中の空欄 ア ～ ウ に入れる語句の組合せとして最も適当なものを，下の①～④のうちから一つ選べ。ただし，開口端補正は無視してよい。 16

この筒の開口近くで，振動数が317Hzの音のみを発する音源を鳴らすと，筒内には ア の定常波が生じる。その結果，筒の両端は イ ，筒の中央は ウ なる。

	ア	イ	ウ
①	縦波	空気の振動が最も激しく	圧力の変動が最も大きく
②	縦波	圧力の変動が最も大きく	空気の振動が最も激しく
③	横波	空気の振動が最も激しく	圧力の変動が最も大きく
④	横波	圧力の変動が最も大きく	空気の振動が最も激しく

問2　この実験で用いた筒の長さとして最も近いものを，下の①～⑤のうちから一つ選べ。ただし，音速は340 m/sとし，開口端補正は無視してよい。 17

①　27 cm　　②　40 cm　　③　54 cm　　④　71 cm　　⑤　107 cm

問3　この実験で用いた筒の一端を完全にふさいで，同様の観測を行ったとすると，強度が大きくなる振動数は，低い方から順に並べるとおよそどのようになると考えられるか。最も適当なものを下の①～⑥のうちから一つ選べ。ただし，開口端補正は無視してよい。 18

①　160 Hz，320 Hz，480 Hz
②　160 Hz，480 Hz，800 Hz
③　320 Hz，640 Hz，960 Hz
④　320 Hz，960 Hz，1600 Hz
⑤　640 Hz，1280 Hz，1920 Hz
⑥　640 Hz，1920 Hz，3200 Hz

B　図4のように，一定の速さで円軌道上を運動する音源が一定の振動数の音を発し，この音を円軌道の面と同一平面上かつ円軌道の外側で，円軌道の中心を通る直線上のある位置に設置したマイクで観測した。観測された音の振動数の時間変化は図5のようになった。

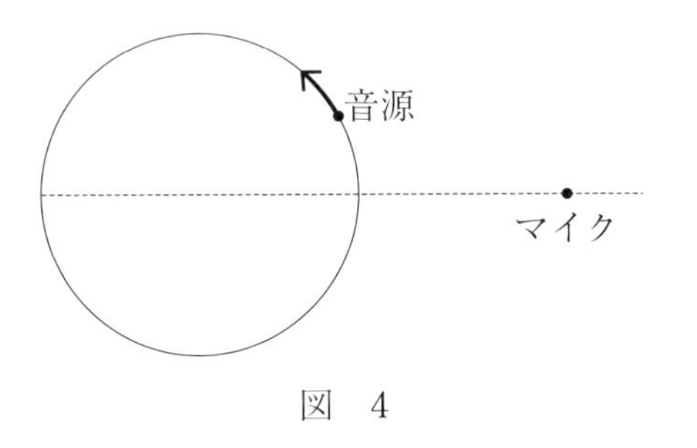

図　4

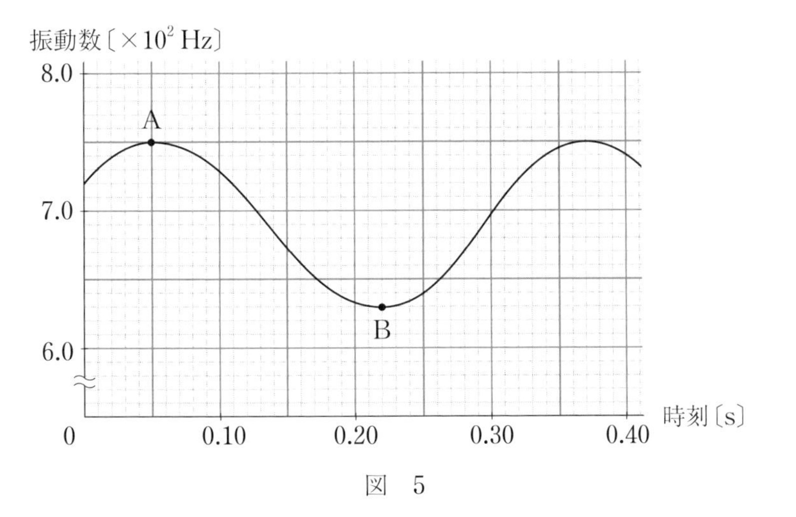

図　5

問4　図5のAの振動数，およびBの振動数は，それぞれ音源が図6のどの位置にあるときに発せられた音によるものか。最も適当なものを，下の①～⑥のうちから一つずつ選べ。 19

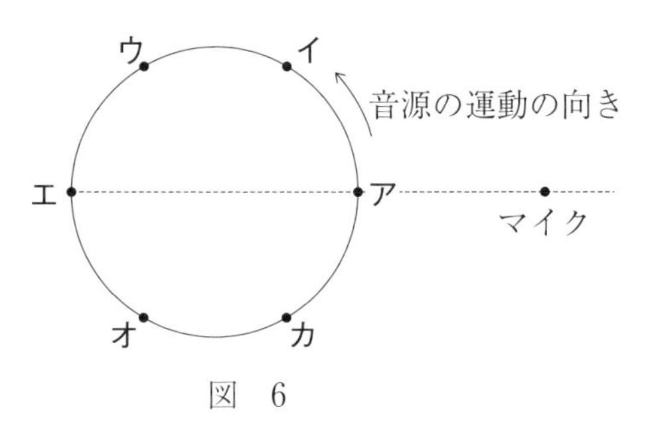

図　6

	Aの振動数	Bの振動数
①	ア	エ
②	イ	オ
③	イ	カ
④	エ	ア
⑤	カ	イ
⑥	カ	ウ

問5　音源の円運動の速さ，円軌道の半径として最も近い値を下の解答群のうちからそれぞれ一つずつ選べ。ただし，音速は340 m/sとする。

速さ： 20 m/s

半径： 21 m

20 の解答群

① 18　② 22　③ 26　④ 30　⑤ 34

21 の解答群

① 0.71　② 0.96　③ 1.1　④ 1.3　⑤ 1.5

第4問　次の問い(**問1～4**)に答えよ。(配点　25)

細いガラス管に糸を通し，糸の一端にゴム栓をとりつけ，他端におもりとしてワッシャーをとりつける。図1のように，ガラス管を鉛直に立てて手で持ち，ガラス管の上端からゴム栓までの糸の長さが一定になるように注意して，ゴム栓を等速円運動させる実験を行った。

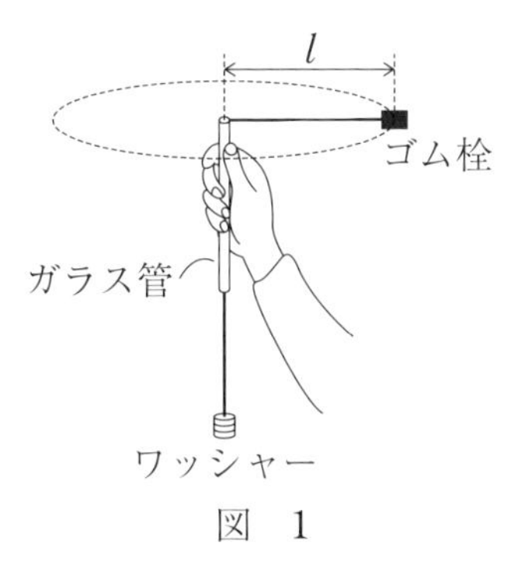

図　1

ゴム栓をある程度速く回転させると，図1のように，ゴム栓と糸がほぼ水平になった状態で等速円運動をする。この場合に注目して，円運動の周期 T を求めてみよう。ここで，ゴム栓の質量とワッシャー1個の質量は等しく，m とする。また，ワッシャーの個数を n，ガラス管の上端からゴム栓の中心までの距離を l，重力加速度の大きさを g とする。

問1　次の文章は，この実験についての生徒たちの会話である。生徒たちの説明が科学的に正しい考察になるように，文章中の空欄に入れる式として最も適当なものを，下の解答群のうちからそれぞれ一つずつ選べ。

「ゴム栓の円運動の周期 T はどのように表せるのだろうか。」
「ゴム栓は糸が水平になった状態で等速円運動をしているとみなせるから，ゴム栓にはたらく重力の効果は無視して，水平方向について運動方程式を立ててみよう。」
「円運動の半径に比べてガラス管の直径は十分小さいから，円運動の半径は l としていいだろう。」
「この円運動の向心加速度は，周期 T を用いて 22 と表せて，さらに向心力の大きさは 23 と表せることを考えれば，周期 T は，ゴム栓についての運動方程式

$$m\boxed{22} = \boxed{23}$$

から導けるね。」

22 の解答群

① $\dfrac{2\pi l^2}{T^2}$　② $\dfrac{4\pi l^2}{T^2}$　③ $\dfrac{2\pi^2 l}{T^2}$　④ $\dfrac{4\pi^2 l}{T^2}$

⑤ $\dfrac{2\pi l^2}{T}$　⑥ $\dfrac{4\pi l^2}{T}$　⑦ $\dfrac{2\pi^2 l}{T}$　⑧ $\dfrac{4\pi^2 l}{T}$

23 の解答群

① mg　② nmg　③ $\dfrac{mg}{n}$　④ $n(m+1)g$　⑤ $n(m-1)g$

このようにして導いた周期 $T=2\pi\sqrt{\dfrac{l}{ng}}$ と，実験から得られる周期との整合性を検証する。ワッシャーの個数 n を3にして，l を0.20 m，0.40 m，0.60 m としたときの円運動の周期を測定した。その結果を下の表1に示す。

次に，l を一定にして，n を1，2，3，4とした場合で実験を行い，それぞれの場合での周期 T を測定した。これを下の表2に示す。周期の測定は，10回分の回転時間を測定し，1回分を計算した。いずれの場合も糸がほぼ水平になった状態で等速円運動をした。

表 1

$n=3$ とした場合

l〔m〕	T(平均値)〔s〕
0.20	0.53
0.40	0.66
0.60	0.74

表 2

$l=0.20$ m で一定にした場合

n	T(平均値)〔s〕
1	0.88
2	0.67
3	0.53
4	0.46

問2　グラフ用紙を使って，表1，表2の実験結果をそれぞれグラフに描くことにした。グラフの横軸と縦軸の変数の組合せをどのように選べば，$T=2\pi\sqrt{\dfrac{l}{ng}}$ が確認しやすいか。表1，表2のそれぞれについて，最も適当なものをそれぞれ一つずつ選べ。

表1：［24］

表2：［25］

24 の解答群

	縦軸にとる変数	横軸にとる変数
①	T	l
②	T	l^2
③	T	$\frac{1}{l}$
④	T^2	l
⑤	T^2	l^2
⑥	T^2	$\frac{1}{l}$
⑦	$\frac{1}{T}$	l
⑧	$\frac{1}{T}$	l^2
⑨	$\frac{1}{T}$	$\frac{1}{l}$

25 の解答群

	縦軸にとる変数	横軸にとる変数
①	T	n
②	T	n^2
③	T	$\frac{1}{n}$
④	T^2	n
⑤	T^2	n^2
⑥	T^2	$\frac{1}{n}$
⑦	$\frac{1}{T}$	n
⑧	$\frac{1}{T}$	n^2
⑨	$\frac{1}{T}$	$\frac{1}{n}$

問3　次の文章中の空欄に入れる式として最も適当なものを，下の①～⑥のうちからそれぞれ一つずつ選べ。ただし，同じものを繰り返し選んでもよい。

実際は重力の影響があるため，ゴム栓の円運動は図2のように，糸は水平面からある角θだけ下に傾いた円錐振り子になっている。この場合，問1で考えたように$\theta=0$の円運動とみなしたときと比べて，円運動の向心力の大きさは［26］倍に，円運動の半径は［27］倍となり，この向心力および半径は，周期$T=2\pi\sqrt{\frac{l}{ng}}$を導くときに用いたものとは異なっている。

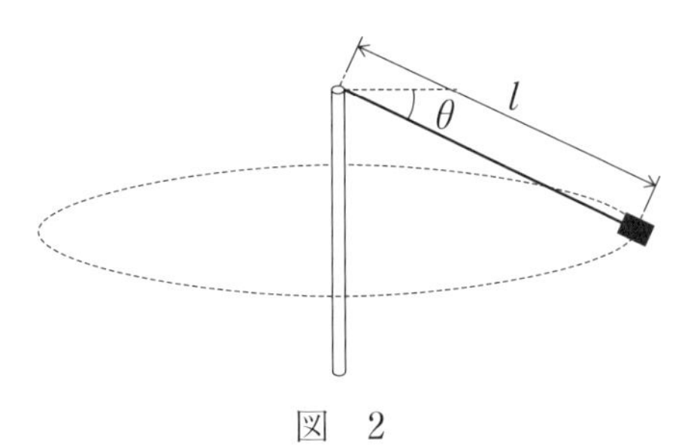

図　2

①　$\sin\theta$　②　$\cos\theta$　③　$\tan\theta$　④　$\frac{1}{\sin\theta}$　⑤　$\frac{1}{\cos\theta}$　⑥　$\frac{1}{\tan\theta}$

問4　次の①～③のうち，正しいことを述べている文を一つ選べ。［28］

①　円錐振り子となる場合の円運動の周期と$T=2\pi\sqrt{\frac{l}{ng}}$とのずれはない。

②　円錐振り子となる場合の円運動の周期は，ワッシャーの個数が多いほど，$T=2\pi\sqrt{\frac{l}{ng}}$とのずれが小さくなる。

③　円錐振り子となる場合の円運動の周期は，円運動の半径が大きいほど，$T=2\pi\sqrt{\frac{l}{ng}}$とのずれが小さくなる。